教育部人文社会科学规划基金资助项目（16YJA760018）

创意社区

艺术型创意产业集聚区研究

CREATIVE COMMUNITY

THE AGGLOMERATION AREA OF ARTISTIC CREATIVE INDUSTRY

李伍清　著

U0196316

中国建筑工业出版社

图书在版编目（CIP）数据

创意社区　艺术型创意产业集聚区研究/李伍清著.—北京：
中国建筑工业出版社，2018.5
　ISBN 978-7-112-22069-4

　I.①创…　II.①李…　III.①文化产业—文教区—城市规划—
研究—中国　IV.①TU984.14

　中国版本图书馆CIP数据核字（2018）第070366号

责任编辑：贺　伟　吴　绫　李东禧
责任校对：芦欣甜

创意社区
艺术型创意产业集聚区研究
李伍清　著
＊
中国建筑工业出版社出版、发行（北京海淀三里河路9号）
各地新华书店、建筑书店经销
北 京 嘉 泰 利 德 公 司 制 版
北京建筑工业印刷厂印刷
＊
开本：787×1092毫米　1/16　印张：$11^3/_4$　字数：229千字
2018年6月第一版　2018年6月第一次印刷
定价：42.00元
ISBN 978-7-112-22069-4
　　　（31965）

内容简介

　　创意产业集聚区开发在我国正遭遇诸多发展困境，其中最突出的问题是创意主体活力的缺失。因此，其规划必须回应如何"活化"创意产业本身。本书聚焦从创意主体的共同体视角来审视怎样进行活态化群落的开发，探索立足于社区形成可持续发展的"创意社区"。本书专门针对艺术型创意产业集聚区的规划设计，以创意集群为背景，聚焦艺术及相关人群，以创意生产形态作为共同纽带，依托一定的社区场所和地方情境，从理论到实践研究兼顾我国国情的生态、生产和生活的融贯的创意群落社区化发展模式以及综合的营造方法。

前　言

　　创意产业在全球产业转型发展中扮演着重要的角色，成为驱动社会文化和经济发展的新引擎，是衡量一个国家和区域综合实力的重要标志。肇始于 21 世纪初，我国开始了创意产业集聚区建设的探索，近二十年里有成果也有教训。如今，我国"创意产业园"和"文创小镇"虽然数量庞大，但大多面临着原创短缺的瓶颈，遭遇难以持续的困境。如何将创意产业由"嵌入"转化为"融贯"，已是我国当前创意产业集聚区建设亟待解决的关键问题。创意产业园区硬件主导模式在社会转型发展的实践中已显露出创意主体活力缺失的弊病，因此有必要转换视角，立足实践，从创意主体的共同体角度来审视如何进行活态化群落的培育。

　　全球创意产业不断升级，正逐步形成全球创意产业链，但创意产业的"原创"、"渠道"、"营销"和"衍生"四大区块在全球不均衡分布，我们的核心竞争力仍然较为薄弱。我国已有的创意产业集聚区理论多为抽象综合论述，且多侧重于创意产业链的衍生区块，少有专门针对核心的艺术型创意产业集聚区的研究，对于集聚区建设实践的指向性也有待明晰。基于以上情况，笔者从近十年亲身参与多个创意产业集聚区和特色小镇建设的实践经验与失败教训中进行反思和总结，试图回归到创意共同体的视角，探究艺术型"创意社区"的建构。本书是以创意集群为背景，聚焦艺术及相关人群，以创意生产形态作为共同纽带，依托一定的社区场所和地方情境，探讨具有内在有机联系的共同体的研究。本书在这一探讨中试图通过群落与社区相融贯，探索兼顾国情的生态、生产和生活融贯的创意群落社区化发展模式和营造方法。

　　全书共分为九章，各章的主要内容与结构如下：

　　第一章是全书的导论，主要就本书研究的背景、国内外相关研究、理论与实践意义、研究思路及框架的情况做了介绍。

　　第二章是全书的理论铺垫，就社区与创意社区，集群与创意集群相关概念及理论进行了阐述。从创意集群和社区共同体的融贯出发，对创意社区的内涵进行归纳。在这一章中，探讨了创意集群的动力以及创意社区的演化规律，分别对创意集群的外部性、全球化中的社区链接以及创意社区的阶段性演化进行了研究。

这章重点论述在全球化竞争背景下，创意社区具有链接地方与全球创意资源的双重特征，同时作为一个发展的演化过程，它呈现出阶段性集聚与扩散的发展规律，并在社区空间更新的演替中发挥着积极作用。

第三章探讨创意社区共同体生态。从艺术人群的生存境遇，艺术场域，个体、个体群到集群的演化以及艺术知识共同体的关系梳理，研究创意社区共同体生态，并以此作为活化创意集群，构建创意社区的理论指导依据。

第四章是关于创意社区场所及其活动的深入研究。通过对实际案例的归纳和比较分析，指出艺术场所不是孤立存在的，是与其活动紧密相联，对具体的各种类型的工作室、展示、信息交流及社会交际等空间进行了阐述。这章重点探讨通过改造活动产生新的场所是艺术家在创意社区中生成的重要产品之一，信息交流、社会交际是贯穿在创意社区各类活动中的主线，而场所是活动密集叠加的地方。

第五章是创意社区的发展研究。通过创意社区发展机理的探讨，提出其发展的理论模型，力图通过社区更新改善环境，吸引艺术家，通过艺术家的密集文化活动形成创意生活与创意环境，凭借这种环境来培育创造性文化，获得可持续的创造力来推动创意观念与产品的生成，这种创造力对社区更新形成新的促进，形成了循环发展。在这种环境的塑造中，以政府、企业、大学、创意个体、居民、移民、游客和消费者的广泛参与，人人获益，活化和链接社区各种要素资源，实现社区的共同发展。本章分析了创意社区的四种基地开发模式，并就自发模式结合创意社区阶段性演化进行重点研究。结合我国创意产业在都市远郊获得发展的实际情况，对个体自发、集体参与的发展模式与政府干预的发展模式进行了专门的研究，以此来探讨符合乡村基地条件的创意社区和谐发展模式，同时关注创意社区中需要重视外来人口的问题。

第六章是创意社区规划原则的研究。创意社区具有有机多样性特征，其多样性是多种力量参与和塑造的"过程"，而不是结果，这种"过程"不是"蓝图式"规划所能够赋予的，创意社区的规划需要多元价值并存。创意社区是一个创造性空间，需要有机的环境，创意社区的建设应当以有机更新的方式获得，并以功能混合利用来获得创造力。

第七章是全书的结论，是整个研究分章的总结归纳。

第八章"象山艺术社区策划"和第九章"白马湖生态创意城'活化'研究"的实践案例，是尝试通过理论应用，寻求一种以艺术创意推动社区科学发展的新模式。

目 录

第一章
研究背景及框架

第一节　研究的背景

在全球化的背景中，全球生产体系和国际贸易分工体系正经历着结构性转型，原有的第二产业的核心制造业正在逐渐演化为加工组装业，而原来属于制造业内部的制造设计开始脱离第二产业，逐渐融入第三产业中，与文化艺术、新技术等一起汇聚成新型的"创意产业"，推动着世界新知识经济的发展。在这样的背景中，创意产业正在世界产业经济转型、国民经济发展中扮演越来越重要的角色。而在我们中国，也正在探索由"中国制造"向"中国智造"、"中国创造"的转变路径，发展创意产业成了这种转变的重要实践。从全球创意产业发展来看，西方创意产业已有六七十年的发展历史，已经历不断升级，处于第三发展阶段，我国创意产业起步较晚，在这种发展不对等状态中，要求我们有必要采取既追赶同时也适合我国国情的模式来培育与发展。

创意产业的发展离不开创意产业集聚区的建设。20世纪80~90年代，发达国家的创意产业集聚区建设的热潮开始出现，各种类型的创意产业集聚区在世界各地获得发展，美国、英国、澳大利亚等国的产业园区以及孵化器建设迅速发展，成为推动创意产业化发展的最主要的发展模式。创意产业集聚区在世界各地的发展形式多样，比如纽约的苏荷区、伦敦泰特现代美术馆区、利物浦创意社区、柏林哈克欣区、巴黎贝西区、澳大利亚昆士兰科技大学的"创意产业园区"、加拿大魁北克的文化创意产业基地等。

21世纪以来，我国也以非凡的热情对创意产业集聚区建设进行探索，各种类型的创意产业集聚区建设呈现迅速燎原之势，据《中国文化产业园区评价体系研究》的统计，全国文化创意产业园区数量已达1990处，我国现有的文化创意产业园区类型已包括：混合型、产业型、地方特殊型、娱乐休闲型和艺术型五种类型，其中艺术型创意产业园也达到了 82 处之多 ①。艺术型创意产业集聚区也就是原创型创意产业集聚区，主要汇集与艺术相关的各类产业，包括：美术、影像、广告、工艺、设计、时尚、音乐、表演等领域和衍生领域。主要以艺术创作人才为核心资源，依托所在地特有的历史文化资源，进行原创性创意与设计。艺术型创意产业是创意产业链的产业价值来源，因此在创意产业中处于核心地位，也是衡量地方文化创意产业原创力的关键。北京、上海、广州、深圳、杭州、南京、成都、青岛、西安等城市创意产业基地建设如火如荼。在这一探索中，已经具有一定集群规模和影响力的有：北京的 798 艺术区、宋庄原创艺术集聚区、尚 8 创意产业园、751 北京时尚设计广场、草场地艺术区、酒厂艺术区等；上海 M50 艺术区、田子坊、8 号桥等；成都的东郊记忆；深圳的大芬油画产业基地、182 创意产业园、F518 时尚创意园等；杭州的 LOFT 49、之江文化创意产业园、艺尚小镇等。

另一方面，与我国经济转型期对应的是我国城市化建设中所面临的社区科学发展以及城乡社区的和谐发展问题，应对这些问题，发展创意产业也成了社区发展的另一种新的选择。如今创意产业的带动效益和溢出效应越来越被重视，也被视作城市化进程以及美丽乡村复兴的重要实践手段。

第二节 问题与进入

创意产业集聚区建设在世界发达国家仍然处于探索阶段，我国的探索肇始于 20 世纪末、21 世纪初，在这数年的摸索过程中，我国的创意产业集聚区建设一方面学习西方经验，另一方面结合我国实际情况取得了一定的本土化的宝贵经验。在这种摸着石头过河的探索中，我们的集聚区建设收获到经验与成果，同时也遭遇到诸多问题。以下通过对我国创意产业集聚区建设进程与问题反思分别进行展开。

一、经验

（一）政策推动

从政策上我国各级政府对创意产业给予了高度的重视，为创意产业集聚区的发展营建出一个积极的政策导向背景。2006 年 9 月 13 日，国务院办公厅印发

---

① 李季.中国文化产业园区评价体系研究[M].北京：经济科学出版社，2016:17.

了《国家"十一五"时期文化发展规划纲要》,"文化创意产业"概念正式出现在了党和政府的重要文件中。2009年,《文化产业振兴计划》出台。2014年2月,国务院出台了《关于推进文化创意和设计服务与相关产业融合发展的若干意见》,着力促进产品和服务创新、催生新兴业态、带动就业、满足多样化消费需求,"通过壮大市场主体,加强创业孵化,加大对创意和设计人才创业创新的扶持力度"。

在地方政府,北京、上海、浙江等经济活跃发达省市也先后提出地方性的文化创意产业政策。在北京,2013年10月,政府印发了《关于进一步鼓励和引导民间资本投资文化创意产业若干政策》;2014年5月,出台了《北京市文化创意产业功能区建设发展规划(2014-2020年)》和《北京市文化创意产业提升规划(2014-2020年)》;2015年5月,印发了《北京市推进文化创意和设计服务与相关产业融合发展行动计划(2015-2020年)》;2016年4月,北京市发改委提出了《北京市"十三五"时期文化创意产业发展规划》。在上海,2014年1月,上海市经济和信息化委员会印发了《上海市设计之都建设三年行动计划(2013-2015年)》;2017年1月,政府出台了《上海创意与设计产业发展"十三五"规划》。在浙江,2015年4月,浙江省人民政府印发了《关于加快特色小镇规划建设的指导意见》;2015年5月,政府办公厅出台了《关于进一步推动我省文化产业加快发展的实施意见》;2016年9月,省政府印发了《浙江省文化产业发展"十三五"规划》。

各地政府对于创意产业的孵化政策在不同程度上推进了创意产业与集聚区的发展,在政府的推动下,各地创意产业集聚区建设结合孵化政策发展迅速,为当地经济带来新的增长点。地方政府一方面依靠税收、房补等政府扶持政策加快企业集聚;另一方面通过主要抓龙头企业,快速建立样板。

(二)民间自发

以民间自发力量推动创意产业集聚区建设取得了令人瞩目的成绩。比如北京798艺术区、北京宋庄原创艺术集聚区、上海泰康路艺术街、上海莫干山路50号、杭州LOFT49、杭州A8公社、之江文化创意产业园等,其中798艺术区、宋庄、莫干山路50号已发展为具有国际影响力和集聚效应的创意产业集聚区。

民间力量所形成的自发模式探索所取得的经验,主要体现在:①艺术家资源与当地村落资源的有机结合,比如宋庄模式:艺术家与当地村落的有机结合,将宋庄发展为世界上最大的艺术家聚集区,实现资源的另类结合和衍生,带来艺术家、国际投资资本与原住民的互利发展,形成广泛发动各方面力量的中国式的集聚区发展新模式;②艺术空间与闲置工业遗存有机结合,比如798艺术区、莫干山路50号模式,通过艺术家的聚集,对闲置空间的再生,激活和链接各种资源,使得原有闲置空间焕发生机与活力,艺术空间依托于已有的厂区肌体上,与工业遗存保护利用相得益彰，同时对各种资本的开放吸收形成协同发展；③参与全球化产业分工协作，制造资源与村落的相互结合，比如深圳的大芬村模式，通过画工、画材、画商等进行规模聚集，以商品油画产业链的方式获得专业规模和专业市场的双重优势，带动当地产业的协同发展；④以高校为核心的创意产业集聚区发挥出巨大的潜能，比如"环同济建筑设计产业圈"模式，以同济大学作为一个知识源和联系，众多的相关设计企业自发聚集形成产业链。

（三）市场获得一定程度的培育

文化创意产品的消费市场获得了一定程度的培育。文创产业与社会融合，呈现出快速发展的趋势，从国家统计局的数据来看，2016 年，全国创意产业保持稳步发展势头，实现"十三五"良好开局，文化及相关产业增加值 30254 亿元，比 2012 年名义增长 67.4%，年均增长 13.7%；占国内生产总值的比重为 4.07%，比 2012 年提高 0.59 个百分点。2016 年，文化产业固定资产投资额达 33713 亿元，比 2012 年增长 115.5%，年均增长 21.2%；居民用于文化娱乐的人均消费支出为 800 元，比 2013 年增长 38.7%，年均增长 11.5% 。[①]

无论在数量和质量上，文化创意产品都有了很大的提升。在经历了近年来政府与各界对创意产业的积极推广和发展建设后，我国的文化创意产品消费市场与过去相比有了长足的进步。各种类型的艺术节、动漫节、文化节、艺术博览会等为社会文化艺术的广泛普及起到了推动作用，促进着文化创意产品消费向前发展，为创意产业集聚区的建设提供了一定的市场支持。

（四）区域化特色逐步呈现

在创意产业集聚区的建设中，区域化特色逐步呈现。部分产业集聚区在资源的整合和产业发展要素的聚合上获得成功。在龙头企业的带动下，产业链条基本形成，并向产业链条上下端延伸，建立孵化体系。以时尚产业为例，751 北京时尚设计广场、杭州余杭艺尚小镇等以具备一定的集聚能力，具备一定的设计师品牌的孵化能力。艺术、设计与时尚产业结合，在浙江的余杭、柯桥、桐乡以及湖州等地多个时尚产业小镇先后挂牌。在浙江已形成杭州市余杭艺尚小镇、绍兴市柯桥区纺织工业创意设计基地、嘉兴市桐乡濮院时尚小镇时尚中心、海宁皮革时尚小镇创意区、绍兴诸暨市大唐镇、湖州丝绸小镇等时尚产业集聚区。

以动漫产业集聚区为例，以三辰卡通、宏梦卡通、金鹰卡通卫视为代表的湖

---

① 数据来源：国家统计局。

南动画集聚区，强调技术创新和机制创新；以无锡、苏州、常州为代表的苏锡常动漫基地以加工业为主，兼顾原创；位于杭州的国家动画产业基地则在原创动画方面和衍生品开发方面展现了不俗的表现。这种基于地方资源禀赋的特色化发展为未来各个集聚区的协同发展奠定了一定的基础。

二、反思

我国创意产业集聚区呈现出非常迅速的发展态势，举国上下遍地开花发展创意产业集聚区，但在建设质量上却不容乐观，所遇到的主要问题如下：

（一）有"园"无"业"及"空心化"

不少的创意产业集聚区空有创意产业之名，而无创意产业之实，缺少创意产业的内涵，原创能力弱，作品内容少。一些地方政府停留在概念炒作阶段，"创意产业园"、"文创基地"、"文创特色小镇"不断变换概念，盲目建设，导致创意产业园或文创小镇数量上增长极快，但"空心化"运营的状况令人担忧。

一部分项目索性就是借着创意之名，发展房地产项目。在全国主要中心城市的实地考察中，发现不少所谓"创意产业园"所经营的行业与创意毫不沾边，一些只是普通的办公区，一些是在售商品房住区，一些是普通的市场区……不一而足。也有部分创意产业园，本身只是个别强势企业的集团总部，以创意产业集聚区之名，享受优惠政策，发展房产项目。真正市场意义上的竞争主体太少，市场化竞争不充分。

事实上，艺术家、设计师等主体群落是文创发展建设链条上的关键性一环，但并未获得应有的主体地位。以上类型在主观上不是为了发展创意产业，"创意产业"只是一个权宜之计。除了这些"借壳"类型外，我国创意产业集聚区较为普遍存在着开发与管理上的矛盾，即便是集聚区建设方有意于发展创意产业，但在实际的产业经营中不少遭遇"空心化"，无从着手，出现过度依赖土地经营和优惠措施，很大程度上缺乏产业发展有效调控，因此仍然还停留在收取租金和物业管理费的状态，客观上大部分集聚区仍然只是创意产业名义下的房地产经营与管理。

（二）"低"、"散"状态及资源闲置

在部分地区，由艺术家们自发建立起来的创意园区，不少是艺术玩家们自娱自乐的项目，毫无经济产出，对地方经济也无促进，呈现出一种效益"低"、布局"散"的状态。比如有的转型期中的老厂区转租给个别艺术家，艺术家将其发展为艺术工作室，但每年在这些工作室中工作天数非常少，大部分时间都仍然空置。部分

艺术家经常工作着的工作室群落,艺术家们却又不能找到市场化的突破口,即便有市场交易行为也是私下交易,这些地方仅仅成为艺术家们的聚集点或"艺术会所",并不能形成产业集聚效应,所在区域除了获得一定租金外并不能获得联动发展。这种情况在我国许多地方都很普遍,集聚区内产品附加值低、布局松散等问题尤为突出,其中不少园区甚至没有明确的功能定位,进驻的个体缺乏市场影响力,衍生产品开发滞后,产业链条短,使得相关行业的集聚难以形成。

为打破这种"低"、"散"状态,各个创意产业集聚区从吸引有影响力的艺术家和创意企业资源、提升自己的园区凝聚力入手,往往给予他们优厚的地方政策,比如免三年租金、一年所得税等。在这种争夺中,出现一家比一家优惠的恶性竞争局面,这也造成了一种独特的"飞来飞去"现象,著名艺术家或创意企业在各个集聚区享受优惠政策,像候鸟一样飞到这个园区一段时间,再飞到那个园区一段时间。表面上各个创意园区都形成了大师云集的盛况,但实际大部分集聚区并未能真正建立起自己的凝聚力,而在经济效益低下甚至亏损中苦苦支撑。

(三)"硬件思维"

在一些人才欠缺并不具备发展创意产业条件的地方,创意产业园区建设项目仍然大跃进匆匆上马,只建设场馆而缺少环境建设,步当年"开发区"建设的后尘,成为地方形象工程或面子工程。这种"盲目"项目建成后,遭遇到的是投资与回报严重不成比例,投入大量资金所建起的园区最后缺少或仅仅只有少数艺术家、设计师和创意人进驻,不能形成集聚效应,产业发展更是无从谈起,造成资源的空置浪费。

一些地方政府以传统"硬件思维"来建设创意产业集聚区,简单地认为通过单方面的大量硬件场馆的建设即可以发展地方创意产业。部分地方政府力将创意的生产过程等同于流水线的生产过程,认为以通过硬件"生产线"投入即可以源源不断地生产创意产品,发展地方经济,对创意产业所依赖的环境缺乏认识。按此模式建设的园区,往往缺乏艺术氛围,艺术家和创意人不愿意来进驻,导致园区原创能力不强,重复模仿的现象比较严重,进一步形成产业园同质化竞争。

(四)欠缺产业链条,沦为"孤岛"

在部分创意产业集聚区建设中以传统产业园的功能分区进行规划,造成进驻的企业间的协作与联系割裂,企业间关联度不高,不能形成创意环境与氛围,最终导致园区活力欠缺。不少园区除了常规的商务办公外,可以提供的服务与活动非常少。在这种独角戏的建设思维中,其结果往往是进驻的企业之间缺乏联系,难以形成产业链，其内部企业间也无法进行演化，园区成为一个个"孤岛"。在考察中发现，不少园区内部缺少各类自发的专业组织和服务队伍，也缺少内部网络的有效组织，公共服务平台建设欠缺或严重滞后。

一些园区在开园招商期，园区发展方请来营销专家大张旗鼓地办艺术节和各类活动，寄希望于这些短时性的活动，然而这些"舶来的活动"并非来自园区内部的酝酿，不能引发目标对象的广泛参与，对催生园区内创意环境的生成作用并不显著，在一段时期独角戏热闹后园区归于一片沉寂，再次招商遭受挫折，最后不得不虎头蛇尾草草收场。部分创意产业基地虽然已初具规模，但产业特色模糊不清，产业链条不完整，缺少产业协同，导致许多企业在低水平的层面上展开竞争，难以创作出优秀的文化产品和提供优质的服务，难以形成完整的产业链条，获得高附加值的增值利润。

（五）开发"见树不见林"

现有的部分创意产业集聚区建设存在一种只见树木不见森林的弊端。部分地区街道、乡镇一级政府对于集聚区本身建设的重视远多于对其所依托的社区环境的重视，更倚重于以产业园的模式发展创意集群，而忽略对创意集群背后所依托的更为广阔的创意产业生态的思考。政府在规划创意产业园区时，不仅应使创意产业发展为"群落"，同时也应该为群落提供一个有利于其发展演化的"生境"，一个相互协作的平台，一个尊重创新的环境，一个公平竞争的大环境，因此我们需要跳出园区本身思考创意产业集聚区。毋庸置疑，那些创意产业集聚区仅仅通过租金与税收优惠政策吸引企业进驻，必然会被更具成本优势的同类集聚区所替代，因此这种模式是不可持续的。我们需要针对国情现状与趋势，研究与探索适合的创意集群环境，培育这种环境。

三、问题的进入

对于创意产业聚集区建设所遇到的问题，少数专家已经指出了主要问题的症结：建园、建镇容易，难的是生存与可持续。创意产业集聚区建设所遇到的问题，透过其现象的实质是创意产业集聚区如何进行"活化"的问题。创意产业园区硬件发展模式已显露出创意主体活力缺失问题，事实上，艺术人群主体群落是文创发展建设链条上的关键性一环，因此，亟待从艺术人群主体的角度来探讨主体活力的激发与活态化群落的形成机理。

如何形成具有活态化的创意产业集聚区，这是本书研究的切入点，也将从立足创意产业相关主体方面来探讨。为解答这一问题，需要从五个方面进行解题：首先，发展创意产业集聚区的目的是实现创意集群化发展，需要明晰创意集群依托于什么样的环境，换句话说是什么样的环境适合创意集群的形成；其次，创意集群发展动力究竟是什么，以及创意集群通过一种什么样的路径得以形成；再次，在创意集群内部如何获得创造力，其内部的生态呈现出一种什么样的关系；还有，创意产业集聚区的策略管理与政策对于创意集群形成和发展是一种什么样的关系；最后，通过一种什么样的空间生产或城市更新原则来发展创意产业集聚区，形成活态化的创意产业集聚区。带着对这些问题的探究，下面进入国内外相关的理论研究中，以寻找问题的解答。

第三节　国内外相关研究

创意集群的研究主要来自于文化产业学、人文地理学、艺术社会学、管理组织学以及城市规划学等多种学科。创意产业集群的成因，在文化产业学、经济地理学的研究中主要是应用产业集群的理论，比如韦伯集聚经济理论、马歇尔外部经济理论、克鲁格曼新经济地理学理论、波特新竞争优势理论等，从制度经济学、演化经济学和新经济社会学角度进行解释。在管理组织学的研究中，主要集中在区域政策及资源配置，促进多样性，引导集群方面。对于创意产业集聚区的社会人文研究主要集中在创意集群的特殊社会环境、创意集群与创新的互动关系、集体创造力和知识扩散、集群个案及发展路径、集群内主体人以及创意集群场所与城市更新等方面。

一、创意集群形成的环境研究

形成创意集群所需的特殊环境是诸多研究者的关注重点，在这种特殊环境的论述中，为数不少的学者从塑造"创意城市"的视角，进行了要素归纳。查尔斯·兰德利（Charles Landry）认为这种环境是归因于人员品质、意志与领导素质、人力的多样性与各种人才的发展机会、组织文化、地方认同、都市空间与设施、网络动力关系七个要素提升上，通过这些要素，营造出"创意生活圈"（the creative milieu）[1]，从而形成创意集群。霍斯珀斯（Hospers）认为集中性（concentration）、多样性（diversity）和非稳定状态（instability）三个要素是关键性因素[2]。理查德·佛罗里达（Richard Florida）提出 3T 理论[3]，认为技

① Charles Landry. The Creative City: A Toolkit for Urban Innovators [M]. London:Earthscan Ltd, 2008:132-157.
② Gert-Ian Hospers. Creative Cities: Breeding Places in the Knowledge Economy[J]. Knowledge Technology & Policy, 2003, 16（3）:143-162.
③ （美）理查德·佛罗里达. 创意经济 [M]. 北京：中国人民大学出版社，2006:37-40.

术（technology）、人才（talent）和包容度（tolerance）是核心环境因素。随后格莱泽（Glaeser）也提出 3S 理论[①]，指出技能、阳光和城市蔓延（skills, sun and sprawl）是其关键所在。巴斯蒂安·兰格（Bastian Lange）指出规模（scale）、时空的异质性（hybridity of space-time）和非正式的经济交流（informal economic exchange）"文化孵化"（culturepreneurs）[②]促成了这种特殊环境。

　　部分研究者关注到集群的背景环境，从社区视角解释这种特殊环境。马克·波义耳（Mark Boyle）提出四海一家的"无边界社区"（Cosmopolitanism and Borderless Communities）[③]，Meri Louekari 将这种环境的形成归因于"源开放社区"（open-source communities）[④]。此外，彼得·霍尔（Hall Peter）认为"道德温度"（Moral Temperature）[⑤]，于长江从"心灵共同体"[⑥]等因素和非实体的关系纽带上解释这种特殊环境的成因。

二、集群的发展动力及路径研究

　　部分研究者发现地域的文化资源禀赋在创意集群的形成中，发挥着重要的积极作用。霍斯珀斯从全球与地方博弈（Global-Local Paradox）[⑦]的论点出发，指出地域文化资源禀赋在地域竞争中的关键作用。艾伦·斯科特（Allen J. Scott）认为通过地方的"密集网络"[⑧]和文化产品的生成，最终发展为地理品牌。创意集群是建立在地域文化资源内容基础上的。研究者也发现，在全球化环境中，文化导向（Culture-led）对于本土集群在竞争中具有重要价值[⑨]。在全球化时代，国内

① Jamie Peck. Struggling with the Creative Class[J]. International Journal of Urban and Regional Research, 2005, 29（4）:740-770.

② Bastian Lange. Berlin's Creative Industries: Governing Creativity？[J]. Industry and Innovation, 2008, 15（5）:537.

③ Mark Boyle. Culture in the Rise of Tiger Economies: Scottish Expatriates in Dublin and the 'Creative Class' Thesis[J]. International Journal of Urban and Regional Research, 2006, 30（2）:420.

④ Meri Louekari. The Creative Potential of Berlin: Creating Alternative Models of Social, Economic and Cultural Organization in the Form of Network Forming and Open-Source Communities[J]. Planning, Practice & Research, 2006, 21（4）:463-481.

⑤ Peter Hall.E/ "Hard" policy instruments and urban development [EB/OL]. http://www.oecd.org/dataoecd/11/23/40077504.pdf.

⑥ 于长江. 在历史的废墟旁边——对圆明园艺术群落的社会学思考[J]. 艺术评论, 2005（5）:20.

⑦ Gert-lan Hospers. Creative Cities: Breeding Places in the Knowledge Economy[J]. Knowledge Technology & Policy, 2003, 16（3）:143-162.

⑧ （美）阿伦·斯科特著, 曹荣湘译. 文化经济：地理分布与创造性领域 [A]// 薛晓源, 曹荣湘主编. 全球化与文化资本. 北京：社会科学文献出版社, 2005:172.

⑨ Darrin Bayliss. The Rise of the Creative City: Culture and Creativity in Copenhagen[J]. European Planning Studies, 2007, 15（7）:889-903.

研究者关注到本土集群的全球化遭遇[①]。

　　以大学为重要载体的知识源所形成的集群内部结构是另一个研究重点，比如内部分工与特殊协作[②]，知识的共享与博弈[③]，特定的艺术产业（比如电影产业）与地域的相互作用[④]，区域创意集群的发展经验与路径研究[⑤]，创意集群所在城市的特定研究与比较，创意城市的网络延伸和所依赖的社区研究[⑥]。也有研究者指出立足社区的原则，从社区视角看，创意集群有别于产业园区，其更强调社会性、生活性、社区性、开放性和多样性，将是一个具有充分驱动的新路径[⑦]。

三、集体创造力和艺术生态的研究

　　地理临近有利于知识溢出，形成默会知识并直接影响到创意集群的效率。核心团队、关联单位、关键大众、管道网络等不同层级构成了创意集群的项目生态，地方创意环境和实体空间对创意活动也形成实质影响[⑧]。创意集群内的核心团队、关键人物和艺术家对集群起到重要作用，规划与非规划同时并存形成了不一样的生态。佛罗里达提出创意阶层（Creative Class）的概念[⑨]：创意阶层被划分为以艺术家为主体的具有特别创造力的核心人员，以及创造性的专门职业人员包括管理、金融和法律服务等方面的创意职业阶层（Creative Professionals）。创意阶层是艺术、商业和技术等不同阶层在文化经济领域的融合。

　　由诸多文化艺术生产者组成了当代独特的艺术生态[⑩]，艺术家、设计师具有

---

① 于长江．宋庄：全球化背景下的艺术群落 [J]．艺术评论，2006（11）:26-29.

② 刘强．同济周边设计产业集群形成机制与价值研究 [J]．同济大学学报（社会科学版），2007,18（3）.

③ 李煜华．基于演化博弈的创意产业集群知识共享策略研究 [J]．商业研究，2014（2）.

④ J. Vang, C. Chaminade. Culture Clusters, Global-Local Linkage and Spillovers: Theoretical and Empirical Insights from an Exploratory Study of Toronto's Film Cluster[J]. Industry and Innovation, 2007, 14（4）:401-420.

⑤ 拉尔夫·埃伯特，弗里德里希·纳德，克劳兹·R·昆斯曼．鲁尔区的文化与创意产业 [J]．刘佳燕译．国际城市规划，2007, 22（3）:41-48.

⑥ Meri Louekari. The Creative Potential of Berlin: Creating Alternative Models of Social, Economic and Cultural Organization in the Form of Network Forming and Open-Source Communities[J]. Planning, Practice & Research, 2006, 21（4）:463-481.

⑦ 徐翔．"创意社区"：转型机理与发展路径 [J]．社会科学，2015（5）.

⑧ 张纯，王敬甯，陈平，王缉慈，吕斌．地方创意环境和实体空间对城市文化创意活动的影响——以北京市南锣鼓巷为例 [J]．地理研究，2008（3）.

⑨ （美）理查德·佛罗里达．创意经济 [M]．北京：中国人民大学出版社，2006: 68.

⑩ 杨卫．中国当代艺术生态 [M]．天津：天津大学出版社，2008.

特殊的"文化资本"[①],他们和公众的关系是一种"后工艺人"的关系[②]。艺术家的流动、迁居和身份辨认等也被研究者们所关注[③]。新兴的消费者共同创造,形成了经济进化和社会文化进化的持续动态矛盾,促进了情境创意[④]。创意情境对于时尚创意产业的生产消费具有双重意义[⑤]。有学者指出,创意产业集群需要一个有序的、自组织的耗散结构来维持其可持续发展[⑥]。宋建明从生态视角提出了"人、事、物、场、境"的分析框架[⑦]。

四、策略管理和政策研究

策略管理和政策研究是创意集群研究的另一个重点,其中文化政策与创意集群的关系成果颇丰。国内研究者关注到欧美国家与区域城市的文化或产业政策,并与国内现状结合进行探讨,以核心城市北京[⑧]、上海[⑨]等作为研究对象,进行策略和政策研究。

五、空间生产与城市更新

空间是一种生产方式。[⑩][⑪]创意集群涉及城市更新,常与工业历史遗产联系在

---

① (法)皮埃尔·布迪厄.资本的形式[A].武锡申译.//薛晓源,曹荣湘主编.全球化与文化资本.北京:社会科学文献出版社,2005:3-22.

② (英)马尔科姆·巴纳德.艺术设计与视觉文化[M].王升才,张爱东,卿十力译.南京:江苏美术出版社,2006:90-94.

③ 朱大可.流氓的盛宴:当代中国的流氓叙事[M].北京:新星出版社,2006.

④ (意)贝鲁西,塞迪塔.文化产业中的情境创意管理[M].上海:上海财经大学出版社,2016:22.

⑤ Patrik Aspers. Using design for upgrading in the fashion industry[J]. Journal of Economic Geography , 2010(10).

⑥ 王发明.产业集聚与创意产业园区可持续发展模式[J].学习实践,2012(6).

⑦ 宋建明.文化产业园区建设与发展需要的五种要素[J].中原文化研究,2014(3).

⑧ 北京市社会科学院北京文化创意产业发展研究课题组.北京文化创意产业国际化战略研究[J].北京社会科学,2006(6):18-22;孔建华.北京文化创意产业集聚区发展研究[J].中国特色社会主义研究,2008(2):90-96;孔建华.北京市宋庄原创艺术集聚区的发展研究[J].北京社会科学,2007(3):76-82;孔建华.北京宋庄原创艺术集聚区发展再研究[J].北京社会科学,2008(2):21-26;孔建华.宋庄原创艺术集聚区发展方略[J].城市问题,2007(5):62-65;蓝色智慧研究院.文创时代:北京市文化创意产业发展与创新(2006-2015)[M].北京:中国经济出版社,2016.

⑨ 耿斌.上海创意产业集聚区开发特征及规划对策研究[D].同济大学,2007;王思成,徐艳枫.论中国城市创意产业的模式转型——以上海杨浦环同济知识经济圈为例[J].中国名城,2015(2);何金廖.创意产业区:上海创意产业集群的动力、网络与影响研究[M].南京:南京大学出版社,2016.

⑩ (美)索杰.第三空间:去往洛杉矶和其他真实和想象地方的旅程[M].陆扬等译.上海:上海教育出版社,2005.

⑪ 孙江.空间生产——从马克思到当代[M].北京:人民出版社,2008.

一起,由传统工业区到创意产业园的改变成为一种新的实践[①]。兰格将艺术区的空间视为其产品的结果[②]。传统的城市景观和已有的空间结构,从公共文化空间向文化经济空间、象征经济空间[③] 转变,从工业生产空间向文化消费空间转变[④]。创意集聚区常常建立在城市废弃空间和衰退地区基础上,这种改造推动城市空间的转型,也是区域振兴、终结城市蔓延的手段[⑤]。大规模的城区改造割裂人们对文化的联系,被越来越多的学者所反对,吴良镛提出有机更新[⑥] 理论。产业遗产的保护以及重新再利用的开发模式被学者们所关注。[⑦⑧]

六、已有研究的述评

已有的创意集群与集聚区研究为我们认识其所依赖的背景环境、动力等诸多问题提供了非常有益的启示,并为我们探寻问题的解答指出了不同的途径,但已有的研究大多处在一般抽象的理论层面,对于如何指导集聚区具体建设指涉不多。国外研究者已经指出创意产业网络中需要各种类型的成员协同发挥作用,但针对实际情况的研究仍然需要明晰和深化。创意产业集群的发展与艺术人群集聚过程、集群内部演化、社区发展等联系密切,但这些研究大多在各自的领域中进行,规划学者侧重于城市规划和城市地理学层面,文化产业研究者偏重人文地理和经济地理学角度,艺术理论家倚重于当代艺术实验性以及新艺术生态层面等角度,将创意集群与社区发展紧密联系起来的研究较为缺乏。

创意产业兼具二、三产业融合的属性,其发展离不开其产业的驱动源——"价值创新"。已有的集聚区研究对于创意产业价值创新的来源、价值创新的生产和价值创新的消费三者关系上多关注于价值创新的生产,对于前端和后端缺少融贯。对于如何扶植创新要素,促进各个要素良性互动方向性摸索,较多停留在抽象的模式研究,缺乏具体的机理结构研究以及路径措施的研究,难以有效地具体指导创意产业集聚区建设。尤其是对创意产业中价值创新的来源,有待更

---

① 黄锐.北京798,再创造的"工厂"[M].成都:四川美术出版社,2008.

② Bastian Lange. Berlin's Creative Industries: Governing Creativity? [J]. Industry and Innovation, 2008, 15（5）:537.

③（美）朱克英.城市文化[M].张廷佺,杨东霞,谈瀛洲译.上海:上海世纪教育出版社,2006.

④ 登锟艳.空间的革命[M].上海:华东师范大学出版社,2006.

⑤（美）卡尔素普,富尔顿.区域城市——终结蔓延的规划[M].北京:中国建筑工业出版社,2006.

⑥ 吴良镛.北京旧城与菊儿胡同[M].北京:中国建筑工业出版社,1994.

⑦（日）西村幸夫.再造魅力故乡:日本传统街区重生故事[M].王惠君译.北京:清华大学出版社,2007.

⑧ 丁继军,凌霓.创意社区:凯文·格罗夫都市村庄及其新都市主义设计[J].装饰,2010（6）.

贴合主体人、人的心智以及创意共同体的本质来展开研究。受发达国家创意产业集聚区研究影响，在国内关于创意集群依托于城市产业转型的旧厂房发展的研究者众多，但关于创意群落在乡村发展的研究者却寥寥无几，这方面的理论空白需要被充实。

第四节　研究思路与框架

兰德利认为创意集群的形成得益于"创意生活圈"的形成。兰格指出"非正式的经济交流"与"文化孵化"都是超越了创意产业园区本身的内涵范围，需要在一个更大的"创意城市"的层面进行思考。霍斯珀斯指出地域文化资源禀赋为创意集群的形成提供了重要推动力，而斯科特则认为"密集网络"促使创意集群在地理上形成与发展。他们的研究也提醒我们需要从非物态层面认识创意集群的推动力，这种力量来自创意园区外的远多于园区本身。已有的研究也指出核心团队、关联单位、关键大众、管道网络等不同层级构成了创意集群的项目生态，而在这种创意集群的生态中已经具备了社区内涵的影子。佛罗里达在他的论述中提到的创意阶层的半工作状态特征以及"将工作与生活分开来是一个错误"等看法，都在提示我们需要超出园区本身思考创意集群。

与"创意城市"的叙述不同，但其精神内涵是一致的，例如波义耳提出四海一家的"无边界社区"、Meri Louekari 的"源开放社区"以及于长江的"心灵共同体"的论述，都从一个大于园区而小于城市的社区层面解释了这种特殊环境，为本研究开启了一个新的途径。但他们所指出的社区并没有在更深入的层面进行剖析与展开，而更多的是停留在概念层面，部分问题没有被他们触及但却与创意集群关系密切，比如艺术人群的聚集过程、创意社区共同体生态、场所及活动、创意社区的组织与发展以及它的规划原则，这些方面都需要进行深入研究，以探究活态化的创意产业集聚区的核心。社区可以作为一个探究创意产业集聚区活态化的重要载体，通过社区的视野，将为我们带来对创意集群及其支持环境更为丰富的认识，并通过这种认识来指导我们的创意产业集聚区建设实践。图 1-1 为本书研究的思路与框架。

第五节　研究的意义

我国创意集聚区整体上处于摸索的起步状态，尚未形成具有绝对优势的成功模式。创意产业集聚区在西方发达国家已经有数十年的发展，具有相对扎实的理论基础。但国外的理论相应地是建立在其特殊文化、经济背景上，而这

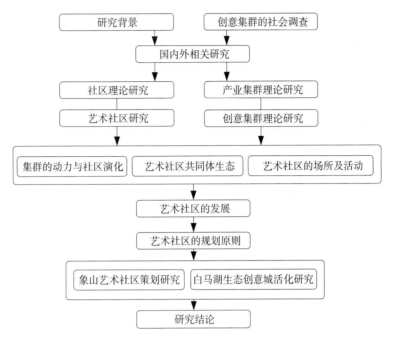

图 1-1　本书研究的思路与框架

种特殊背景与我们所面对的国情差异很大，难以被我们的创意产业集聚区直接借鉴。我们所遭遇到的特殊问题，许多是西方理论研究中所从来未面临过的。已有的创意产业集聚区主要是与城市空间转型结合，创意产业在都市边缘的乡村发展的类型没有引起理论界的足够重视，实践中缺乏必要的理论指导。本书的研究涉及探讨创意产业与乡村建设的结合，对于它的研究将试图进一步丰富创意产业集聚区的理论，对于如何将创意集群与社区场所更新以及原住民协同参与结合起来，探索以共同体生态"活化"创意集群新的社区化发展模式具有积极的理论指导意义。

　　本研究试图为创意产业集聚区建设提供有价值的指导，指导转型期中符合国情的创意集群结合社区的建设实践。创意产业集群的研究与实践已表明：创意产业的发展有利于优化和升级区域的产业结构，促进经济从制造型向创意服务型转变，促进文化产品的贸易出口，创造国民财富。创意经济具有渗透到区域经济各个细节中的特点，因此也带来相关产业的关联发展效应。

　　围绕着创意产业而展开的创意社区，一方面有效吸纳艺术人群投身到艺术事业中来，另一方面，也为社区中的居民提供了形式多样的参与渠道，对促进社区就业，消除社区贫困发挥着积极作用。创意社区在城市中的发展，往往以有效地利用闲置的工业建筑、历史传统风貌街区的方式进行，对于工业遗存和历史建筑的保护与再利用发挥了积极作用，进而延续了城市文脉，带来城市更新的契机，有利于提升城市文化品位，塑造城市景观特色，并促进城市空间内部结构不断趋于优化。创意社区坐落于城市边缘地带的郊区或乡村，常常能加速城市化的进程，并能实现当地居民资源的有效利用，为社区居民拓展新的经济渠道，为所在区域带来新的发展活力，使郊区边缘地带得到振兴，推动城市中心与边缘地区的和谐发展。

同时，创意社区是文化产品的生产地、输出地，是艺术人群、艺术资源、艺术活动、创新思想的汇聚地，是推动文化发展的策源地。创意社区以创新的思想改变民众观念，移风易俗，对促进民众的美育，培植健康的文化生态具有重要意义。全球化竞争背景下，创意社区的发展是塑造和提振社会民众的区域文化认同、凝聚各地优秀人才、提升区域全球竞争力的有效途径。创意社区是以创新思想和心灵为原料的动力实验室，以低能耗、无污染、高附加值、智力密集的柔性生产方式生产，且超越了原料和能源的限制。它对于环境的水土保持、自然风貌的保护都具有积极意义，是建设创新型国度的一种实践，是促进中国从"中国制造"走向"中国创造"的实践。

第二章
创意社区与创意集群

第一节　社区的不同理论视野

"社区"一词肇始于 1887 年德国学者滕尼斯（Ferdinand Tonnies）出版的《社区与社会》（*Gemeinschaft Und Gesellschaft*）一书，英译为"Community and Society"，Community 意指"社区"，也译为"共同体"，其语义非常复杂，有"共同性"、"联合"、"社会生活"等涵义。20 世纪 30 年代，我国学者费孝通将英文"community"翻译为中文的"社区"，用"社区"一词来对应"community"。从社区概念诞生以来，相关的研究也在各个领域中展开。

一、不同视野中的社区

社区概念从提出至今的一个多世纪里，一直是社会学科中最具争议的概念之一。各个领域的学者们根据各自研究角度和侧重点的不同，形成了关于社区的近百种的不同定义，美国学者桑德斯（IrwinT. Sanders）综合众多的研究角度和定义方法，将其归纳为：定性的方法将社区理解为一个居住的地方；区位的方法把社区看作是一个空间的单位；人类学的方法将社区视为一种生活方式；社会学的方法把社区当作一种社会互动[①]。不难发现，因为观察角度的不同产生了不同的社区概念。

（一）人文区位论的社区

20 世纪中叶，芝加哥学派从区位的角度将社区视为一种人文生态，并以自然生态区位学的竞争、共生、进化和支配概念来解释社区的结构和发展动力，探索社区中人与人相互竞争又相互依赖的关系。伯吉斯（E. W. Burgess）在对芝加哥市研究基础上，提出都市"同心圆理论"，认为城市社区的一般形态是基于差

[①]（美）桑德斯 . 社区论 [M]. 徐震译 . 台北：黎明文化事业公司，1983:23.

异化的人口分布与人口活动组成，这种构成如同同心圆的树木年轮一样，由城市的中心向城市的外围扩散。总体上可以分为五个圈层，最中心的是城市的商业区，其余的依次为：制造业和社会贫民的下层住宅区；工人阶级的普通住宅区；中产阶级的高级住宅区；超出城市边界以外的通勤区。

在伯吉斯之后，霍伊特（H. Hoyt）提出了"扇形理论"，哈利斯（C. Harris）和沃尔曼（E.Ullman）提出"多元核心理论"，这三个芝加哥学派的经典理论都是从人口与地域空间的相互关系角度来研究社区。人文生态理论对社区界定强调地理或地域的概念，其代表人物罗伯特·帕克（Robert E. Park）认为：社区是"占据在一块被或多或少明确地限定了的地域上的人群汇集"。其将社区的本质特征归结为三点：一个以地域组织起来的人口；这里的人口或多或少扎根于它所占用的土地上；这里的人口的各个分子生活于相互依存的关系之中。

（二）人口构成论的社区

20世纪60年代的人口构成论指出：社区最重要的因素是人口构成。他们对当时主流的人文区位理论提出质疑，人文区位理论认为传统意义上社区的消失以及城市社区的形成，主要原因是城市中大量人口的集中、高密度及高异质性在发挥作用，而人口构成论的代表人物奥斯卡·刘易斯（O.Lewis）通过对移居墨西哥城的墨西哥村民进行大量研究后，指出生活在墨西哥城中的墨西哥村民原有生活方式、相互信任的互助关系以及群体的凝聚力并没有因为迁居大城市以及城市中外在群体的影响而发生显著改变，也就是说，外在的人口群体对于他们生活的影响微乎其微。赫伯特·甘斯（H. Gans）在研究了波士顿西区意大利移民的生活后，也得出近似的结论，指出不同社会阶层、种族背景、家庭结构、文化层次以及人生阶段的人口构成才是影响城市社区的决定性因素，而不是区位论所解释的人口规模、集中和异质性决定了社区。在人口构成论者看来，构成社区的最重要的因素是人口构成。

（三）圈内文化论的社区

20世纪70年代，以费舍尔（Claude S. Fischer）为代表的"圈内文化论"又称"亚文化理论"认为社区最重要的是成员间的共同联系。圈内文化或称为圈子文化，是一种存在于社会体系和文化之中的、具有一定独特性并且能够相对形成社会亚体系（由个人间网络形成的群体和制度）的信念、价值、规范的集合体。圈内文化论认为：有相似的社会和个人背景的人，在长期的相处后，形成的彼此了解并相互接受的社会规范、价值观念、人生态度和生活方式，同一个文化圈的人更容易在情感和心理上形成共鸣，并相互帮助支持，而这正是构成社区的内在原因。圈内文化论强调人群间共同的联系，在现代社会，我们无法回避在现代通信和交通条件下，社区已经超越了地域的界限，更多地将人们组织起来的是一种圈内文化。

（四）社会体系论的社区

20 世纪 80 年代，以 W·萨顿（W. Saton）、R·沃伦（Roland L. Warren）为代表的社会体系论把社会看成是一系列相关部分组成的庞大体系，在整个社会大系统中社区是处于某一地区持久的相互作用的子系统。社区中的人、群体、组织、机构等相互联系、相互作用形成复杂网络，而社区的日常生活就在这个网络体系中运行。社会体系论者桑德斯认为：在社会体系下的社区，它包含家庭、经济、政府、宗教、教育与公共信息等子体系，而每一个子体系又由若干次体系组成。社会体系论认为社区是在社会体系下，诸多子体系和次体系共同构成了社区。

（五）城市规划学的社区

我国古代《汉书》卷 24 上《食货志》记载："在野曰庐，在邑曰里"；《旧唐书》卷 48《食货上》记载："在邑居者为坊，在田野者为村"；在我国汉唐时期，城市社区被称为"里"或"坊"，乡村社区被称为"庐"或"村"。在现代的城市规划理论中，有许多对应社区的概念，譬如：霍华德（Howard）将社区表述为居住5000 左右居民的"区"（ward）；芒福德（Mumford）将社区表述为"区域"（district）；凯文·林奇（KevinLynch）的"地方性单元"；国际现代建筑学会（CIAM）将社区表述为城市的次级"分区"（sector）；克拉伦斯·佩里（C.Perry）将社区理解为城市细分的"邻里"（neighborhood unit）；勒·柯布西耶（Le Corbusier）的"单元"（unite）等。城市规划学所指的社区通常是小于城市或者是次级的居住单元，并将其作为城市规划下的一项重要内容。

通过诸多理论视野对社区议题的研究，我们找寻到一个个认识社区的不同角度和途径。由此，我们可以通过对不同角度的社区概念的归纳和整理，形成对社区内涵的相对完整的认识。

二、社区定义与内涵

1955 年美国学者 G·A·希莱里对已有的 94 个关于社区定义的表述作了比较研究。他发现，其中 69 个有关定义的表述都包括地域、共同的纽带以及社会交往三方面的含义，并认为这三者是构成社区必不可少的共同要素。因此，至少可以从地理、经济、社会交往要素以及共同纽带要素（包括认同意识和相同价值观念）的结合上来把握社区这一概念。

道特森（Dotson）把社区定义为具有认同感和归属感的人组成的社会组织的地域单元。我国学者溪从清等将社区定义为：聚居在一定地域中人群的社会生活共同体。[①] 溪从清的定义是本书所认同的社区定义。同时从社区内涵出发，我们可以通过对各种社区理论流派的整理与归纳，从社区认识层面的整体性上，从五个基本方面来把握社区内涵：首先是人群，社区由人所组成；其次是特定空间，社区存在了一定的特定空间里，并具有一定的地方自然与人文资源禀赋；第三是经济与非经济交往，社区内的人们由于生产和生活的需要，彼此进行互动，并形成一定的相互依赖和竞争关系；第四是文化交往互动，形成"归属感"；最后是成员的组织形式。通过这五个方面，我们可以相对整体地来把握社区的内涵。

第二节　创意社区的内涵

从最早的小村落、聚落、集镇、乡镇的乡村社区再到人群聚集的城镇社区、都市社区，社区伴随着生产活动的组织方式演化着。古代"二十五家为社，各树其土所宜之木"，乡村社区围绕着对农业的组织，对于地域内的生产活动而展开。现代功能主义社区，社区的肌理脉络围绕着对工业生产组织的演替而不断演进。创意社区是对艺术创意活动进行组织的一种特殊社区，是艺术人群、空间、互动活动、文化归属、组织方式等的集合体。

本书所定义的创意社区是指：艺术人群及相关人群，以艺术审美的、创造性的生产形态作为重要的经济或非经济的共同纽带，聚居在一定地域中的具有内在联系的社会生活共同体。它包含着艺术人群、艺术场所、创意经济、文化交往互动以及组织形式五个基本方面的内涵（图2-1）。

一、创意人群

创意及相关人群与地点结合形成聚集是创意社区的重要特征。创意社区内以艺术家或设计师为代表的"波希米亚"（Bohemia）[②]艺术人群在人口中占据一定比例，并具有一定的规模和相应的密度。这里艺术人群既包括职业与艺术相关的核心人群，也包括那些由艺术创意产业为纽带联系起来的人群，这里称为非核心人群。

核心人群是社区内的艺术产品或创意活动提供者和参与者，比如社区内的各种门类艺术家、艺术设计师及其助手或团队、艺术相关的学生人群、策展人及其

① 刘君德，靳润成，张俊芳．中国社区地理［M］．北京：科学出版社，2004:3.
② 波希米亚原指中世纪以布拉格为中心的由神圣罗马帝国所统辖的一个地区，原属奥匈帝国的一部分，是一个多民族的部落，那里是吉普赛人的聚集地，后来"波希米亚人"成为行事风格孤傲不羁的艺术家的代称。

辅助人员、时尚与设计相关的企业家及其管理人员、设计师品牌企业、艺术品经营机构及其经营团队、艺术展演机构人员、收藏群体、艺术批评家及相关艺术媒体人员、艺术活动相关场所物权人、相关的社会活动家、其他维系该社区有效运作的管理或服务人员等。非核心人群包括社区内的艺术或创意活动得以实现的支持或间接参与者，比如该社区内的：艺术创意生产资料供应及流通的从业人员、创意产品及衍生产品物流和交易人员或机构、配套产品生产或服务从业人员、社区中其他与创意产业发生关系或为核心人群提供相关生活资料与服务的人群等。

二、创意场所

创意社区是艺术家、思想观念、信息、艺术作品、艺术资源等的集群之地，从地域空间来看，创意社区的地理空间

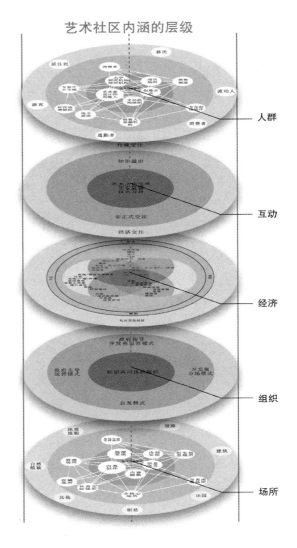

图2-1 艺术社区的内涵层级

包括社区的自然地理环境及其资源，相应的地质地貌、自然植被、气候条件、自然生态、水体资源、空气质量等，也包括交通、教育、医疗卫生、文体、商业服务、社区服务、金融邮电（含银行及邮电局）、市政公用（含居民存车处）、行政管理等其他各类生活配套基础设施。创意社区最重要的空间是艺术或创意及其相关单位的创作生产空间，比如工作室；展演交流空间，比如剧场、美术馆等；交易流通空间，比如创意集市、拍卖行等；收藏空间，比如博物馆、会馆等；衍生的信息空间，比如书店等；创意社区的空间同时也包括休闲、娱乐、交流的社会交际空间，比如咖啡吧、酒吧等，这些场所是人们形成交流互动、产生新观念的重要场所。

三、创意经济

创意社区中以艺术活动作为重要的社会互动。艺术类型的创意产业是社区中的人群得以维系的重要经济纽带，这种以艺术为主要的业缘关系是创意社区交往中的重要方面，深入社区人群的经济生活中，由此，艺术人群围绕着艺术活动展开彼此间的层层关系。首先是艺术家、设计师们彼此间交互，然后是同参与相关艺术创作生产、交流和艺术品、设计服务交易等活动的人们之间展开丰富多样、形式各异的交往互动活动，这些活动将社区中的人群组织起来。

四、交往互动

创意的业缘关系，并不局限于经济方面，艺术的文化交流、人群间的知识交流和传播、艺术教育、技艺的切磋等其他活动都是创意社区中社会互动的日常内容。创意社区是艺术人群的社会生活共同体。在创意社区中艺术人群通过艺术活动的共同纽带形成认同意识，彼此分享相似的价值观念，形成基于艺术的特殊文化认同和归属感。创意社区中的这种文化精神纽带上的共通性，是创意社区内在凝聚力的核心部分。

五、组织形式

创意社区的组织形式指的是创意社区在生产、生活、交往以及互动方面的组织结合方式，也表现为一种内部管理机制，通常创意社区中，人群之间的经济交往和文化交往互动方面多采用自发模式。创意社区的组织主要是两个层面：第一是艺术人群内部的艺术创意活动的组织方式，经济或非经济的文化生活的组织；第二是艺术人群与社区中其他人群之间的经济或非经济文化生活的组织。

创意社区是凭借社区内特殊环境作为产生艺术、设计、创意和观念的媒介或基础，通过创意产业化手段，艺术家、设计师、知识分子、企业家、社会活动家、地方政府、学生人群以及原住民彼此互动，创造出新的观念、产品、服务和制度，并以此来推动社会文化、经济等各方面的发展。

第三节　创意集群的背景

一、创意与艺术

创意，其本意是"有创造性的想法、构思等；提出有创造性的想法、构思等"[①]。

① 中国社会科学院语言研究所词典编辑室 . 现代汉语词典 [M]. 北京：商务印书馆，2005:214.

《词源》中"创意"指的是："犹言立意，指文章中提出的新见解。汉·王充《论衡·超奇》：'及其立义创意者，褒贬赏诛，不复因史记者，眇思自出于胸中也。多唐李翱《李文公集》六《答朱载言书》：'六经之词也，创意造言，皆不相师'"。《朗文当代英语大辞典》的"creativity"意思是：产生新的原创性思想或事物的能力；想象力和发明[1]。从语义上考察，"创"即创造，或是在旧有的事物基础上进行加工、创作、创新，或者是从无到有的全新创造；"意"是意思、主意之义。"创意"是概念或直觉混合物的整合，是一切活动开展之前或进行中的谋划和构思。

从创意产业化的背景出发，"创意"的意义与其原有的语义有所不同。佛罗里达把"创意"理解为"对原有数据、感觉或者物质进行加工处理，生成新且有用的东西的能力"；兰德利认为创意是一种工具，利用这种工具可以极尽可能地挖掘潜力，创造价值，是对一件事情作出正确的判断，然后在给定的情况下寻找一种合适的解决方法[2]；霍斯珀斯则认为，创意的本质就是利用原创方法去解决出现的问题与挑战的能力；霍金斯认为"创意就是催生某种新事物的能力，它表示个人或多人创意和发明的产生，这种创意和发明必须是个人的、原创性的，而具有深远意义的。"[3]

与艺术相比，产业背景中的"创意"更强调一种工具性和有用性，这种区别主要指的是其合目的性的经济成就。对两者异同再进一步比较，艺术是一种审美的创造性的生产形态，艺术家以感情和想象作为特性，通过创造来表现和传达自我的审美感受，传递审美意义。创意则是凭借创造性方法催生新事物的生产形态，更偏重于与手段及方法的结合，比如对传播媒体等的借用。毫无疑问，艺术与创意两者都具有明确的创造性的内在属性，正因为这种创造性，甚至在许多方面它们相互重叠。

苏珊·朗格在其《艺术问题》一书中写道："艺术家的工作习惯上被称为'创造'，画家'创造'绘画，舞蹈家'创造'舞蹈，诗人'创造'诗篇"[4]。因为创造性的共通性，艺术与创意之间具有很大的重叠性。英国文体部将创意定义为："创意是对艺术和其他知识产品、智能产品的创新和创造。人是创造的主体，包含人的创造力，人的技能和人的天赋。"[5]从英国文体部对创意所下的定义出发，我们可以把艺术看作是创意的重要源泉，也是创意重要的凭借基础。

① 朗文当代英语大辞典 [M]. 北京：商务印书馆，2005:404.

② Charles Landry. The Creative City: A Toolkit for Urban Innovators[M]. London：Earthscan Ltd, 2008:12-19.

③（英）约翰·霍金斯. 创意经济——如何点石为金 [M]. 洪庆福等译. 上海：上海三联书店，2006:3.

④（美）苏珊·朗格. 艺术问题 [M]. 滕守尧译. 南京：南京出版社，2006:31.

⑤ DCMS. Creative Industries Mapping Document（1998）（2001）[EB/OL]. http://www .culture.gov.uk.

二、创意产业及其背景

产业指的是构成国民经济的行业和部门，是为国民经济提供产品或劳务的各行各业，从生产到流通、服务以至文化、教育等都可以称为产业。创意产业是源于个人创造力与技能及才华，通过知识产权的生成和取用具有创造财富并增加就业潜力的活动。

德国法兰克福学派的特奥多尔·W·阿多诺（Theodor Wiesengrund Adorno）与马克斯·霍克海默（M. Max Horkheimer）于 1947 年出版《启蒙辩证法》一书，书中用"文化工业"代替了"大众文化"的专门概念，它是大众文化的产品和过程。一方面法兰克福学派从哲学和艺术学价值判断角度，对文化工业进行了否定性的批判，指出发达资本主义社会凭借工业技术手段，如同一般商品生产那样大规模复制、传播文化商品，是文化趣味以及人的合目的性生存状态的堕落。另一方面，学者们在深入探讨了大量制作的文化工业化过程以及驱动整个体系的商业化规则的同时，发现文化生产与科学技术结合在一起，形成资本主义工业化体系——"文化工业"。它包括电视、广播、广告、流行报刊等，泛指文化工业制造的产品。

20 世纪 70 年代，美国学者丹尼尔·贝尔（Daniel Bell）在《后工业社会的来临——对社会预测的一项探索》中进一步提出了"文化产业"的概念。明确地将文化生产和消费市场连接起来，揭示了市场和文化的相互作用规律，指出文化为满足市场的趣味性、精致性要求，市场发挥对文化的推动作用。[1] 这一概念的提出扭转了贵族精英主义对市场的魔化态度，从文化工业的观念中解脱出来，同时大众文化消费权利得到了尊重，也缓解了产业机制与文化艺术价值之间的对立。20 世纪 80 年代，日本学者日下公人在《新文化产业论》中从经济学的视野，对文化产业作出定义和阐释："文化产业的目的就是创造一种文化符号，然后销售这种文化和文化符号。"但文化产业化的逻辑仍然是"寻找一种规范的形式，通过应用这种形式，一个类型的艺术品能够以最大可能的规模出售给适合此类产品的公众。"[2]

经济学家保罗·罗默（Paul Romer）1986 年撰文指出，伟大的进步总是来源于思想，创新会衍生出无穷的新产品、新市场和财富创造的新机会，所以创意

---

① 蒋三庚.文化创意产业研究 [M].北京：首都经济贸易大学出版社，2006:5.
② （美）阿诺德·豪塞尔.艺术史的哲学 [M].陈超南，刘天华译.北京：中国社会科学出版社，1992:326.

才是一国经济成长的原动力[①]。20世纪90年代，美国人用"版权产业"来说明文化产业状况，将文化产业视为"可商品化的信息内容产品业"。其"版权产业"分为核心版权产业、部分版权产业、分销版权产业、版权相关产业等。[②]1997年芬兰"文化产业委员会"出台《文化产业最终报告》[③]，明确定义文化产业为："基于意义内容的生产活动"，它强调内容生产，不再提工业标准，被称为"内容产业"，包括建筑、艺术、书报刊、广电、摄影、音像制作及分销、游戏及康乐服务。

1998年英国创意产业工作组（CITF）首次在《英国创意产业路径文件》中正式提出"创意产业"概念，其定义为："源于个人创造力与技能及才华，通过知识产权的生成和取用具有创造财富并增加就业潜力的活动。"[④]创意产业包括：出版、电视和广播、电影和录像、互动休闲软件、时尚设计、软件和计算机服务、设计、音乐、广告、建筑、表演艺术、艺术和古玩、工艺13个行业，其中8项与艺术直接相关。创意产业概念被英国正式命名后，随后迅速被欧洲、美洲、亚洲等一些国家和地区略作调整后采用。2004年，我国国家统计局在《文化及相关产业分类》中，明确了"文化产业"的定义："文化产业是为社会公众提供文化、娱乐产品和服务的活动，以及与这些活动有关联的活动的集合。"[⑤]2006年，北京市将文化创意产业概念定义为："文化创意产业是指以创作、创造、创新为根本手段，以文化内容和创意成果为核心价值，以知识产权实现或消费为交易特征，为社会公众提供文化体验的具有内在联系的行业集群。"[⑥]

2001年霍金斯在《创意经济》一书中，把创意产业界定为产品在知识产权法的保护范围内的经济部门。知识产权有四大类：专利、版权、商标和设计。霍金斯认为，知识产权法的每一形式都有庞大的产业与之对应，加在一起"这四种产业就组成了创意（创造性）产业和创意经济"。[⑦]2004年，理查德·E·凯夫斯（Richard E. Caves）认为，创意产业是提供具有广义文化、艺术或仅仅是娱乐价值的产品和服务的产业[⑧]。从文化经济学视角出发，创意产业则应该包括：书刊出版，视觉艺术（绘画与雕刻），表演艺术（戏剧、歌剧、音乐会、舞蹈），录音制品，

① （美）理查德·佛罗里达.创意经济[M].北京：中国人民大学出版社，2006:26.

② 褚劲风.世界创意产业的兴起、特征与发展趋势[J].世界地理研究，2005，14（4）:17.

③ Ministry of education Finland（1999）Cultural Industry Committee Final Report.

④ DCMS. Creative Industries Mapping Document（1998）（2001）[EB/OL]. http://www.culture.gov.uk.

⑤ 见国家统计局2004年《关于印发文化及相关产业分类》的通知，国统字[2004]24号。

⑥ 见北京市统计局、国家统计局北京调查总队2006年12月制定发布的《北京市文化创意产业分类》。

⑦ （英）约翰·霍金斯.创意经济——如何点石为金[M].洪庆福等译.上海：上海三联书店，2006:5-6.

⑧ Richard E. Caves. Creative Industries: Contracts between Art and Commerce[J]. Journal of Cultural Economics，2002，26（1）：82-84.

电影电视，时尚，玩具和游戏。

"文化产业"、"内容产业"和"创意产业"因时代语境的不同，有不同表述，三者内涵又重复交叉。"文化产业"以文化的精神属性来区别于传统的物质生产领域；"内容产业"则是在信息技术的时代背景中强调文化的重要意义；"创意产业"把文化作为产业的内部发展动力以区别以往的产业形式。也有学者将三者都称为"意识产业"（Consciousness industry）、"思想产业"（Mind industry）。丹麦、瑞典、新加坡、新西兰等将其称为"文化创意产业"（Cultural and Creative Industries）。

创意产业从其提出发展到今天，其外延与内涵在不断演进，越来越突出文化的创造性，总的归纳起来，可以从以下方面来把握其特征：创意产业的主体是人，人的心智、灵感而不是原材料或者机器；创意产业的产品既可以是物质形式，也可以是意识形式，是作为无形文化创意渗透于生产过程所创造出的具有象征价值、社会意义和特定文化内涵的产品或服务；创意产业是创造创意产品的企业的集合；创意产业是以文化和艺术创新来推动经济，其延伸领域广泛，既渗透于传统产业内容内，也展现于新的知识经济中；创意产业含有地域空间的文化特质，往往与特殊的地理环境联系在一起。

三、创意集群

创意集群（Creative cluster）是创意产业在特定空间的集聚，是创意产业中互有联系的企业或机构聚集在特定地理位置的一种现象，是在一定地理范围内相互临近、相互联系，存在积极的沟通、交易渠道，进行相互交流与合作的创意产业领域的集群。创意集群往往也包括连续的上、中、下游产业以及其他企业或机构，通常会向下延伸到下游的通路和顾客上，也会延伸到互补性产品的制造商以及和本产业有关的技能、科技或是共同原料等方面的企业上。集群还包括了政府、大学、制定标准的机构、职业训练中心以及贸易组织等其他机构，以提供专业的训练、教育、资讯、研究以及技术支援。

佛罗里达在《创意经济》一书中指出创意阶层以组织或区域的形式聚集时，价值和财富随即产生，这些资源就形成了区域的"决定性竞争优势"。他将创意产业集群定义为一个完整的产业群体，其核心是雇佣从事自然科学和工程、建筑和设计、教育、艺术、音乐和娱乐等领域的人才来创造出新的想法、新的技术或新的有独创性的内容。他同时也指出创意产业集群与一些创新性行业如商业、金融、法律、卫生保健、销售管理及相关领域具有紧密的联系，这些都属于创意产业集群的构成。

世界知识产权组织（WIPO）将创意产业集群定义为："创意产业（工艺、电影、音乐、出版、互动软件、设计等）在地域上的集中，它将创意产业的资源集合在一起，使创意产品的创造、生产、分销和利用得到最优化。这种集聚行为最终会促使合作的建立和网络的形成"。创意集群通常由少数大型的营利性和非营利性文化[①]机构，如大学和研究机构、博物馆、艺术馆等，数量众多的中、小型文化企业，如创意工作室、画廊、设计机构、演艺中心以及文化中介机构等，加上独立的艺术家、设计师等个人组成。

四、创意产业链

"创意集群"在英文中对应的是"creative cluster"，直译为"创意丛"或"创意集群"。英文"Cluster"本来的意思是丛、簇、组、捆、群落的意思，包含着具有内在的联系之意。从现象上来看，集群是个体与个体彼此邻近，但如果从联系的角度看我们更容易把握集群的本质——链接。创意产品常常出现多种类别共享同一种内容资源的现象，比如风靡的"超级飞侠"故事与形象，从一个造型原本入手，既出现在动画影片中，也出现在时尚设计、文具设计、园林景观设计、出版发行等诸多行业类别中。

内容资源将这些产业链接了起来，构成一个围绕内容进行编辑生产的链或支持网络。除了这种内在联系很强的纵向产业链以外，文化内容资源也促进了水平发展的横向产业链（协同的产业链）以及配套产业链的发展，比如相关生产的传统制造业等，纵向与横向的产业链构筑起彼此经纬交织的网络体系。纵向上创意产业链接文化艺术资源，整合教育和研发资源，进行内容创新和内容生产；横向上渗透到多个传统产业中，转化为创新成果，形成扩大的创意产品，形成横向的产业链接。文化创意产业的完整链条可以涵盖：资源——内容创作——生产——集成包装——发行——展示等众多环节。从单个创意 IP 发展到一系列文创产品创造市场价值，是依赖于完整而强大的产业链，从剧本、电影到电子游戏、主题公园、卡通玩具等后续一应俱全的开发。

五、创意产业集聚区及分类

创意集群的基地或区域称为创意产业集聚区，它是指创意产业及其相关产业在地理空间上集聚后形成的特定区域。一般是指集聚了一定数量的文化创意企业，具有一定的产业规模，具备自主创意研发的能力，并具有专门的服务机构和公共服务平台，能够提供相应的基础设施保障和公共服务的区域。创意产业集聚区狭义概念具有地域的地理边界；广义概念是产生集群效应的泛化的区域。创意产业集聚区在空间的形成上大体可以分为四类。

---

① 转引自刘奕，马胜杰. 我国创意产业集群发展的现状与政策 [J]. 学习与探索，2007，170（3）:136.

第一类是在国际大都市中形成的大型跨国文化艺术机构巨头的总部集群地，比如东京的动漫游戏产业集群、好莱坞的电影产业集群、伦敦苏荷的创意产业集群。这类集聚区往往具有全球中心的地位，具有全球市场的广泛影响力。这类创意产业集聚区，通常具有多元的文化形态和创新的城市氛围，历史性文化积淀深厚以及文化艺术消费活跃，并对先锋文化和时尚文化具有良好的包容性。

第二类是产业阶段性转型区域中形成的创意产业集群，这种类型多是建立在对原有区域改造的基础上，比如纽约的苏荷、巴黎的贝西区、利物浦创意社区、柏林的哈克欣区、爱尔兰的都柏林、英国的谢菲尔德等。产业阶段性转型区域中的创意场所形式多样，主要可以通过以下五种方式实现。第一种是利用老厂房进行改造，比如：北京的 798 艺术区、北京酒厂艺术区、上海的八号桥、上海 M50、杭州的 LOFT49、重庆 501 艺术库、成都的东郊记忆等都是在旧厂房的基础上改建而来。第二种是利用旧仓库进行改造，比如：上海四行仓库现在变成一个设计中心，南京圣划艺术中心的前身也是一个老仓库。第三种是利用已有的大楼进行改建，比如：广州 LOFT345 艺术空间等。第四种是利用已有的街区进行改造，比如上海赤峰路设计街、澳门望德堂创意产业试点区、北京的南锣鼓巷等。第五种是利用已有的旧城民居进行改造，比如上海的田子坊等。这类集群常常以社区空间更新、演替的方式推动社区经济的转型和社区的发展。

第三类是新兴开发区中全新规划的创意产业集聚区，通常称为创意产业园。比如澳大利亚昆士兰科技大学的"创意产业园区"，将创意设计、休闲娱乐、教育培训、产业孵化、创意居住融入其中。这种类型的集群还有新加坡的海滨艺术中心以及我国的北京 DRC 工业设计创意产业基地、杭州动漫产业基地、无锡工业设计园、上海张江文化科技创意产业基地、大连普利文化产业示范基地等。这类集群常常借助大学、研究机构以及工业部门与创意产业之间建立一种积极的协同发展。

第四类是在大都市远郊的乡村形成的集群。比如北京的宋庄艺术区、草场地艺术区，深圳大芬油画村等，这种类型的集群常常与当地的乡村社区相互结合。

值得重视的是，如果从集群的产业链内在联系上进行分类，可以分为创意原创（设计）集群、制造集群和营销集群三类。它们分别对应三类集聚区：第一类是原创艺术（设计）集聚区，主要是艺术家、设计师们的工作创作区域，比如原创艺术创作基地、画家村等。第二类是制造产业链形态的产业集聚区，比如数字产业生产基地、配套生产集聚区等，深圳大芬油画村属于这种类型。第三类是交易平台的集聚区，作为一个创意产业或者相关产业的主要交易基地，主要特征是画廊、展演、拍卖行及相关创意中介机构的集聚区，比如艺术品交易区、创意版权交易区等。一个具有相应规模的创意社区通常兼容其中两到三种创意集群。

第四节 创意产业园区与创意社区

与创意产业园区相比，创意社区的最主要的区别在于，它是创意群落与社区相互结合，强调与社区在生态、生产和生活上融合和联系；创意产业园区则强调功能分离，自成一体。现代的功能主义城市规划从城市空间的实体上，将城市的功能分为居住、工作、娱乐和交通四大部分或区域。产业园区或经济开发区是强调工作为首位的区域之一，对应工业化和高效率以及大规模地重复再生产。产业园区是建立在原材料、自然资源或是地方廉价劳动力优势基础上，是规模"制造经济"的产物，其核心的产业集群是基于原材料、自然资源、交通优势和劳动力训练基地所构筑的网络。虽然传统"制造经济"也重视劳动力的技能，但其偏重的是技能应用而非创造。

创意经济是创造力经济，依赖于创造性的人才资源。人力资本理论认为，创造力经济依赖那些受过良好教育、富有创造性的人力资本。乔尔·科特金（Joel Kotkin）认为财富会在"智力集群"发展的地方积聚起来，不论它是大城市或是小城镇[1]。罗伯特·卢卡斯（Robert Lucas）和爱德华·格莱泽（Edward Glaeser）也持有类似观点，认为那些充满创造力和问题解决者们是区域发展和财富创造的最主要的推动力。佛罗里达提出创意阶层的概念，并指出区域竞争力的关键因素不再是大量原材料、自然资源或是地方廉价劳动力优势等初级资源，而是如何吸引、培养和调动以人为核心的创意资源。在全球人才流动潮流中，"长期的经济优势在于吸引和留住人才的能力，而不是单纯的商品、服务和资本的竞争。"[2] 波义耳以爱尔兰都柏林为例指出社区的环境氛围是吸引创意移民的重要方面。[3] 事实上，创意人才关心的不单单是工作本身，而是地点中的生活与工作的双重品质。

对于创意经济而言，创意人和创意环境两者的结合是创意经济的重要特征，而这种结合往往有别于传统制造经济的产业园区，具有社区生活的混合特征。传统产业集群流程线性逻辑清晰，物料、加工、成品、包装、运输等注重的是效率，而创意集群则是一个集中了各种工作室、博物馆、艺廊、企业、研究机构、公共文化机构等在内的非线性逻辑、多异质性的社区。研究已表明，创意人的创意灵感离不开特殊创意环境和其他创造性思想的激励，创意的生成依赖较为宽容的文

---

① （美）大卫·沃尔特斯，琳达·路易斯·布朗．设计先行——基于设计的社区规划 [M]．张倩等译．北京：中国建筑工业出版社，2006:24.

② （美）理查德·佛罗里达．创意经济 [M]．北京：中国人民大学出版社，2006:9.

③ Mark Boyle. Culture in the Rise of Tiger Economies: Scottish Expatriates in Dublin and the 'Creative Class' Thesis[J]. International Journal of Urban and Regional Research, 2006, 30 （2）:420.

化环境和有弹性的场所空间。

在创意集群的环境中，既需要少数大型的营利性或非营利性文化机构，比如大学、研究机构或文化产业巨头等，也需要数量众多的中、小型文化企业，比如创意工作室、演艺机构、画廊以及文化中介机构等，同时需要自由的艺术家、大学教授、诗人、小说家、演员、设计师、建筑师，以及在其他知识密集型行业的专门职业人员等组成的复杂的密集网络。与产业园区相比，社区更具有承载这种复杂的密集网络的可能。社区也是独一无二的特有地方文化资源的承载体，这种文化信息渗透在社区之中，启发创意人的艺术思想，成为创意内容的重要素材或形式，这种多样的复杂性是传统产业园区所不具备的。

佛罗里达指出创意工作环境与生活环境的关系是相互融合的，他认为："实际上，把工作和人的问题分割开是个错误。这两者是相伴相随的。真正的好地点是可以提供帮你找到工作的劳动力市场，找到伴侣的婚姻介绍市场，获得友谊的社交市场，追求生活方式的娱乐设施和鼓励人们重新来过的翻身机会。"[①] 在这种描述中，这种地点更像是一个工作与生活边界模糊的社区，生活与工作相互融合，集生活、工作、休闲为一体。

需要指出的是创意工作场所是人与人互动的场所，包含着人与人之间即时的交流互动，因此哈兰·克里夫兰（Harlan Cleveland）认为："创意办公室要更多地建立在'由人所形成的共同体中，而不是由场所所形成的共同体中'。人的共同体需要内部网络，只对内部人士开放。他们需要私人空间作为沉思之用，也需要各种网络空间从事社交活动。"[②] 与工作的空间相比，社交的空间与网络同样重要。创意集群具有明显的社区交际特点，创意集群内的艺术创作、密集地展演活动、社区共享空间等场所形成的自由社交氛围，加上成员间非正式的经济交流和彼此间提供的服务，形成有别于传统产业园区的氛围。

产业园是现代主义通过功能分类的方式提取出的成果，创意社区则是创意集群与社区的结合，是居住、工作、娱乐和交通多种功能的混合，除了产业发展目标本身，创意社区涉及整个社区人群、空间场所、经济交往互动、文化归属和制度传统的多方位发展目标。创意社区探索创意经济与社区结合，既包括产业本身也包括产业背后的社会文化结合，其目标是为改善居民物质和精神福利作出贡献，同时鼓励和倡导人际交往，并探寻多样性的融合，努力通过组织方式的探索使社区和产业获得互动，凭此以缓解新移民和原住民之间的隔离等问题。

---

① （美）理查德·佛罗里达. 创意经济 [M]. 北京：中国人民大学出版社，2006:42.

② （英）约翰·霍金斯. 创意经济——如何点石为金 [M]. 洪庆福等译. 上海：上海三联书店，2006:150.

第五节　集群的动力与社区演化

一、创意人群的集聚类型及动力

考察艺术型创意人群的聚集，可以从艺术人群职业化的推动力以及艺术产业化的关系入手。马尔科姆·巴纳德认为："艺术家和设计师与公众之间的关系可以分为三大类：第一类是资助，在欧洲有教会、宫廷、私人、公众和国家的资助制度。第二类是市场，其中包括所有艺术和设计的买卖方法以及没有中介帮助的买卖方法。第三类是赞助，比如有 18 世纪的认捐和 20 世纪的公司出资这样的赞助现象"。[①]

（一）资助下的集聚

国家、教会或贵族对艺术的资助，是形成艺术人群早期聚集的主要推动力。早期的欧洲，教会、皇室、贵族团体是艺术的主要资助人，他们给艺术家提供薪金，艺术家则满足他们的艺术需要。譬如：产生"拜占庭艺术"的艺术家与贵族和基督教教会之间；文艺复兴时期佛罗伦萨的艺术家与美第奇家族之间；形成"洛可可艺术"的法国宫廷艺术家们与国王路易十五之间，都表现出这样一种资助关系。在早期的中国，艺术家们聚集的主要推动力也同资助关系密切。例如，元朝杂剧《马陵道》的楔子中即有"学成文武艺，货与帝王家"一说，艺术家们寄居于皇室和贵族的门下，接受俸禄为人创作。从五代翰林图画院到清代内务府所设如意馆、画院处等皇家画院，艺术人群的聚集与资助者之间即这样一种紧密的依赖关系。

现代国家对艺术家和设计师的资助形式多种多样，比如十月革命后的俄罗斯相信艺术和设计可以用来推动社会主义革命，而且认为社会主义的现实主义才是唯一合适的革命艺术，因此对这种类型的艺术进行了资助。西班牙政府以支持博物馆建设工程的形式，在第二次世界大战中利用艺术来提升西班牙的国际文化形象。国家对艺术学院的支持，也是一种重要的资助形式。另外像英国艺术委员会、手工艺委员会、设计委员会和地方艺术协会这样的组织机构以国家的资助方式广泛开展其工作。20 世纪 30 年代的美国，以艺术规划工程的形式资助艺术家和设计师，委托艺术家和设计师为公共大楼和政府机构设计制作艺术作品。特别是联邦艺术工程聘用了 5500 多名艺术家、摄影师、设计师、教师、研究人员和手工艺人。国家资助形式下，艺术人群以团体或项目的方式进行集聚和流动。

[①]（英）马尔科姆·巴纳德. 艺术设计与视觉文化 [M]. 王升才，张爱东，卿十力译. 南京：江苏美术出版社，2006:76.

（二）市场化下的集聚

早期局部市场化是促使艺术人群聚集的另一种方式。在经济、文化生活的发展中，局部社会市场体制的形成催生了初期的艺术产业，伴随着社会历史的变迁，艺术人群具有了一定规模的流动和汇聚，形成地理上的聚集。手工艺或杂耍艺人集中于某村落或集镇是最主要的形式，例如我国历史上曾经出现的杨柳青、桃花坞、以年画为生产形式的四川绵阳、以陶瓷为生产形式的景德镇；以雕刻技艺为生产形式的东阳、青田……形成早期的艺人群聚集地。再比如，法国白瓷的利摩日（Limoges）、美洲手工艺的圣菲（Santa Fe）、意大利玻璃工艺的威尼斯穆拉诺岛（Murano）等都属于这种手工艺专业化区域。手工艺人聚集的区域在漫长的历史发展中，往往以技艺的家族、师徒作坊传承方式，形成自己的地理聚集，并发展为一种特殊的地方市场和地理品牌。

市场经济以及现代经济制度是真正形成艺术人群大规模聚集的关键推动力。18世纪以后，主要资本主义国家完成了工业革命，自由市场经济获得了前所未有的发展，中产阶级崛起并产生了对新的商品的需求，"大众市场"逐渐形成。传统资助人角色的隐退、基本教育的普及以及大众欣赏群的出现改变了艺术人群的生存处境。艺术家、设计师原本所依赖的资助制度被市场购买制度所取代，艺术家、设计师自身的谋生活动走向独立并成为艺术商品的制造者，依靠贩卖作品、版税等方式维持生计，这种转变使得艺术人群在聚集的方式和规模上进一步加大，获得了真正的自由。艺术家和设计师按照市场的需要进行工作，他们为社会各个阶层服务。

（三）赞助下的集聚

赞助主要分为个体赞助与公司赞助两大类。在现代社会中，以个人和公司命名的各种奖项，以各类基金会的名义所设立的艺术项目在一定程度上推动着艺术人群在一定规模上进行集聚。比如20世纪70年代，日本东京动漫的繁盛以及动漫人才的集聚即在一定程度上得益于艺术赞助的推动。1972年在东京成立了"日本漫画家协会奖"，同时东京一些出版社也设立了诸如"文艺春秋漫画奖"、"讲谈社漫画奖"、"小学馆漫画奖"、"读卖国际漫画奖"等，除了相关的出版社机构参与漫画奖项的赞助外，同时知名漫画家个人也设立了相关的奖项，比如："藤子不二雄奖"、"手冢治虫奖"等，这些对于漫画奖项的赞助对于少年漫画人才的孵化以及漫画人才在东京的集聚产生了良好的推动作用。

（四）创意产业化下的集聚

由于艺术的创意产业化推动，艺术人群的聚集方式、聚集规模发生了彻底的改变。20世纪,文化艺术与工业生产体制结合,催生了本雅明所谓的"文化工业",继而发展为"文化产业"、"创意产业"。当代文化创意的产业化特征发展,使得艺术人群的聚集更具有规模化。技术的发展与进步,机械印刷、摄影与影像技术的应用以及电子多媒体、信息网络的广泛普及,人类的文化环境经历了深刻的变革,甚至现代艺术设计教育制度的推广也深刻地影响着艺术和艺术人群。艺术人群的服务领域也不断拓展,艺术设计师人群在工业、时尚、建筑、影视、传媒、环境等领域获得发展,使得艺术人群人数迅速增长,同时得益于版权交易机制的推动,电影、动漫等传播工业迅速发展,艺术人群以协同工作的方式完成其作品,使得聚集在规模上获得前所未有的发展。

（五）个体进驻与群体聚集

现在部分国家和地区的"艺术家进驻区",艺术家通常被邀请至某地停留一段时间,从事他们的活动,而且在那段期间他们是受到全部或部分资助的。这些艺术人群往来的进驻区形式多种多样,规模也有大有小,称谓名称也不尽相同,有的也称为创意社区、艺术领地、艺术静修地、艺术工作空间、艺术工作室群等。美国创意社区联盟（The Alliance of Artists Communities）将其统称为艺术家进驻区（Artists' residencies）,"艺术家进驻区专门为艺术家的艺术创作提供时间和空间。此外,这些进驻区形式不一,为艺术家提供各种类型和方式的帮助。

艺术家进驻区有的坐落在城市里,也有的位于乡间。一些仅仅为单独的某一种艺术提供服务,也有的可以服务多种艺术门类,接受视觉艺术家、作家、音乐家、舞蹈家、学者和其他的创作个体。艺术家进驻区既提供活跃的公共开放项目,也提供个人静修的项目。许多艺术家进驻区提供食宿,艺术家如同在家里生活；也有的不提供生活空间,仅仅为当地艺术家探索新的艺术创作提供工作空间。"[①] 这种"艺术家进驻"是艺术家个体进驻的重要形式。

"艺术家进驻区"通常与进驻计划联系在一起,无论有无资助或是否需要艺术家自己承担相应费用,艺术家的进驻资格是需要事先申请和被认定、被邀请的,其主要的目的是为来自他方的艺术家提供一个与当地艺术交流的空间和机会,支持当地艺术的多样性发展,也有些偏重于艺术教育。艺术家进驻区在北美、欧洲和日本均有分布（表2-1）。

"艺术家进驻区"概念与本书所指的"创意社区"内涵既有相似之处,也有

① The Alliance of Artists Communities:Artists' residencies [EB/OL]. http://www.artistcommunities.org/about-residencies.

不同之处，不同之处主要在于：前者是个体进驻，后者是群体聚集。首先，艺术家进驻到一个社区中，其结果并不一定形成艺术人群的集聚，而"创意社区"首先是艺术人群具有一定规模的集聚，并形成一定的地域规模；其次，就艺术活动涉及的范围来看，"艺术家进驻区"中艺术活动主要指的是艺术创作，而"创意社区"中活动涉及的是多方位，并包含艺术生产、交易的产业化目标；再次，艺术家在"艺术家进驻区"中往往短期生活于该地并受到一定资助，而"创意社区"内艺术家处于市场竞争机制的优胜劣汰环境中；最后，"艺术家进驻区"进驻的仅仅是艺术家，而"创意社区"中集群的是"艺术人聚"，是一个扩大了的概念，包括的不仅仅是艺术家，也涵盖与社区产业发展相关的其他人群。

北美、欧洲和日本的艺术家进驻区　　　　表 2-1

区域	艺术家进驻区
北美	佩斯艺术中心（Art Pace）、贝米斯当代艺术中心（Bemis Center for Contemporary Arts）、卡拉艺术村（Kala Institute）、麦道尔艺术村（The MacDowell Colony, Inc.）、欧密艺术村（Art Omi）、罗斯威尔艺术村（Roswell Artists-in-Residence Program）、水车中心（Watermill Center）等。
欧洲	阿德雷库（Arteleku）、巴摩拉艺术村（Kunstlerhaus Schloss Balmoral）、白塔尼恩艺术村（Kunstlerhaus Bethmien）、布洛林艺术中心（Schloss Brollin）、欧洲陶艺中心（European Ceramic Work Center）、法雷拉自然与艺术中心（Centre d'Art I Natura Farrera）、马赛雷版画中心（Frans Masereel Centmm）、拉费胥艺术村（Friche la Belle de Mai）、波兰雕塑中心（The Centre of Polish Sculpture）、圣克莱尔艺术中心（Villa Saint Clair）、乌发文化工厂（ufa fabrik International Cultural Centre）、维也纳艺术村（Artist in Residency-Vienna）、维普斯多夫艺术村（Kunstlerhaus Schloss Wiepersdorf）等。
日本	秋吉台国际艺术村（Akiyoshidai International Art Village）、阿库斯（ARCUS）、陶艺之森（Shipraki Ceramic Cultural Park）等。

二、集群的外部性

（一）外部性理论综述

经济集群理论于 19 世纪末发端于英国剑桥，阿尔弗雷德·马歇尔（Alfred Marshall）将"生产规模扩大而发生的经济分为两类：第一是有赖于这工业的一般发达的经济；第二是有赖于从事这工业的个别企业的资源、组织和经营效率的经济。我们可称前者为外部经济，后者为内部经济。"[①] 在其《经济学原理》的著作中用集聚的概念描述地域中产业的集中，指出集聚能产生正的"外部效应"，并将外部经济归结为六个方面：①提供协同创新的环境；②辅助性工业带来的好

---

① （英）马歇尔. 经济学原理 [M]. 朱志泰译. 北京：商务印书馆，1981:280.

处；③提供有专门技能的劳动市场；④平衡劳动需求结构；⑤促进区域经济的健康发展；⑥便利顾客。"外部经济"的理论被世界各地所重视，广泛应用于各种产业集聚区的建设指导。

马歇尔指出，协同创新的环境是产生集聚的"空气"，在产业空间集聚的过程中具有极大的作用。"行业的秘密不再成为秘密；而似乎是公开的了，孩子们不知不觉地也学到许多秘密。优良的工作受到正确地赏识，机械上以及制造方法和企业的一般组织上的发明和改良成绩，得到迅速的研究；如果一个人有了一种新思想，就为别人所采纳，并与别人的意见结合起来，因此，它就成为更新的思想之源泉。"[①]

萨谬尔森（Paul A. Samuelson）和诺德豪斯（William D. Nordhaus）进一步指出外部经济为："当生产或消费对他人产生附带的成本或收益时，外部经济效果便发生了；就是说，成本或效益被加于他人身上，然后施加这种影响的人却没有为此而付出代价。更确切地说，外部经济效果是一个经济人的行为对另一个人的福利所产生的效果，而这种效果并没有从货币或市场交易中反映出来。"[②] 企业与企业间地理临近的外部因素，在客观上相互为区域内的成员提供利益，而使其成员的经济效果增加（或成本减少），这种吸引力不断吸引新企业选址于这个区域，因而使得产业的空间集聚规模进一步增大。

新制度经济学创始人科斯（Ronald H. Coase）以交易费用理论解释产业聚集的"外部性"。在他看来，由于产业聚集区内企业数量众多，网络密集，因而可以增加交易频率，总体上降低区位成本。另一方面，交易的空间范围和交易对象的相对稳定，有助于减少企业的交易费用。聚集区内成员的彼此邻近，有利于减少信息的不对称性，抑制交易中的机会主义行为的发生，另一方面，企业花费在搜寻市场信息的时间和成本也因地理位置的临近而降低费用。

地理经济学家保罗·克鲁格曼（Paul R. Krugman）将最初的产业集聚归于一种偶然，这种偶然导致一种"路径依赖"，形成所谓的路径"锁定"，因此，集聚的区位都具有历史依赖性。外部的规模经济，给集群内企业带来集群外企业无法获得的收益，吸引集群外企业纷纷向集群靠近，使得路径依赖更加强烈。

迈克尔·波特（Michael E. Porter）则从竞争优势的角度指出,这种集群的"外部性"加强了群体和个体的竞争力，并有利于竞争优势的发挥，这是产业集群的核心所在。他认为这种竞争的优势具体表现为：一方面，集群使专业投入品的需求和供给都被扩大，使得群体内部更加专业化。在集群内部，更多的投入品成为

---

① （英）马歇尔.经济学原理[M].朱志泰译.北京：商务印书馆，1981:284.

② 国彦兵.新制度经济学[M].上海：立信会计出版社，2006:120.

公共品，使得内部公共资源扩大，增强群体对外的竞争优势。另一方面，公共品的增加有效降低新企业进入的门槛，从而扩大和加强集群本身。空间的临近，使得各种知识都便于在集群内传播和扩散，形成知识溢出。同时，集群形成内部强大的竞争机制，优胜劣汰直接对个体的创新产生激励，迫使群内个体持续创新，进而使聚集区成为区域的创新中心，推动区域的发展。

（二）创意集群的外部性

在创意集群中，"外部经济"成为一种重要的引力，促进着创意个体与企业在地理上的集中。马歇尔曾指出，早期手艺人的聚集与富人们的需求分不开，"聚集在宫廷的那群富人，需要特别高级品质的货物，这就吸引了熟练的工人远道而来，而且培养了当地工人。"[①] 由此可见，集聚的动力与市场本身关系密切。

朱克英（Sharon Zukin）在《城市文化》中以纽约的创意产业集群为例，指出这种现象："一方面，越来越多的文化生产者聚集到纽约；另一方面，其他地区更加喜欢从纽约引进杂志、戏剧和时尚。这两方面的优势支撑着纽约的文化产业长达近一个世纪之久。从经济角度来看，文化生产者、经纪人和提供者聚集在一起，由此产生了聚集经济。在纽约，尤其在曼哈顿区中心，出现了职业艺术家、作家、音乐家以及表演艺术家的聚居区"[②]。创意集群也是规模与市场双重作用的结果。

在伦敦的苏荷区，21世纪福克斯、华纳兄弟、哥伦比亚公司为代表的数百个影视制作公司集群于此，视该区为开拓英国电影市场的桥头堡，构成了以媒体企业为主轴的创意集群，并形成了与之配套的辅助性的庞大企业群。数量众多的影视公司的集中，为许多专业配套环节和出版发行环节的企业对专业品的投入提供了需求的推动力。各种影视企业在各自专业设备、技术方面的投入，一定程度上成为其他影视企业可供交换利用的准公共产品。集群内部的交易与合作，以及影视方面的专业人才伴随着影视生产聚合而来，围绕着项目进行流动，专业知识随着创意人才的转移而扩散，各个环节的创意人员成为一种储备在苏荷的准公共资源，从而进一步强化了这种集群的专业化基础优势。

同样的情况也发生在英国城市谢菲尔德（Sheffied），这里聚集了人类联盟合唱团、17号天堂等数百个音乐、电视、新媒体、设计、摄影、表演艺术组织和创意企业，形成了以音乐为主轴的集群，创意企业在这种外部经济中获得收益。美国麦迪逊大街是智威汤逊、扬·鲁比肯、达彼思、奥美、李奥贝纳、DDB等世界著名广告公司的发迹地，以世界广告业中心而闻名全球，这里也是广告业竞争最

---

① （英）马歇尔.经济学原理 [M].朱志泰译.北京：商务印书馆，1981.

② （美）朱克英.城市文化 [M].张廷，杨东霞，谈瀛洲译.上海：上海教育出版社，2006.

为激烈的地方，企业家与创意人、平面设计师都被这种竞争气氛所激励着，不断进行创新，研究新的表现形式、新的技术手段和新的服务方向，以在激烈变化的市场中保存生存和发展的优势。这种竞争机制甚至成为一种环境氛围，超常规的工作强度成为创意人的常态。

创意集群不仅仅来自于共享创作氛围和生产效率的推动，另一个更为关键的因素是来自于市场集中的推动，方便了有创意需求的买家。回到国内，以深圳大芬油画村为例，黄江是大芬村早年的油画中介商，从大芬收集油画卖给国外买家，利润丰厚，但自从大芬形成了产业集聚和广泛的名声后，黄江这部分中间业务就没有了。国外买家已经不需要通过中间商运作，而是直接来大芬选购，信息完全对称。无论是北京 798 艺术区或是宋庄原创艺术区，密集的创意卖场形成了规模化的市场集群，这让集群内艺术家、创意人、画廊或代理机构以及收藏人、创意购买人彼此信息对称，提高了交易的效率。一方面，画廊与画廊相互聚集，任何一家画廊举办画展或沙龙活动，都会为整个聚集区中其他画廊带来一定的观众或客源，形成协同营销的局面。另一方面，画廊与艺术家在地点上的集结导致了有利的结果，因为艺术家和画廊双方都拥有可进入的地点，而集群的本身成为了双方的资源库。

创意设计集群的外部经济作用在毗邻同济大学的赤峰路现代设计一条街表现得更为突出，建筑开发项目建设所需要的各类设计服务在这里基本上都可被提供。在这里，一个大规模的开发项目既可以由一个大型设计公司承揽也可以由若干个设计专业公司组成项目团队所承揽。这里设计公司间的竞争与合作，都是以自身的专业化发展作为核心竞争手段，从而带来创意集群的协同创新发展，成为中国华东地区建筑设计的创新中心。创意制造集群在深圳大芬村商业油画产业中表现得更为充分，大芬油画村共有以油画为主的各类经营门店 776 家，据统计，仅居住在大芬的画师、画工就达 5000 多人，加上周边布吉新三村、木棉湾、南岭等地的画师画工逾万人之多，大芬每月的油画生产能力在一万张以上。原有的生产资料市场比如画工人才市场、画材配套市场和客户资源的聚集都降低了新画行进驻的成本，从而吸引更多的新画行携带资金、人才、资源和客源向大芬村靠近，进而扩大大芬村油画集群自身的规模。

三、全球化中的社区链接

按照国际货币基金组织的定义，全球化是指跨国商品与服务交易及国际资本流动规模和形式的增加，以及技术的广泛传播使世界经济的互相依赖性增加。经济全球化主要表现在市场全球化、投资全球化、生产全球化等方面，其结果是区域空间与全球空间的链接。有学者指出全球化即"流动的现代性"。

（一）流动的现代性

安东尼·吉登斯（Anthony Giddens）在其著作《现代性的后果》一书中，将现代性动力机制归结于"脱域（Disembedding）"[①]，即将时间和空间从地域化的情境中分离出来，跨越广阔的时间—空间距离去重新组织社会关系[②]。

现代审美中这种"脱域"的程度最为严重。2014~2015年，学者许平撰文《生产中的解域与重归情境：兼及当代工艺美术学科的文化定义》[③]和《重归情境与景观化的设计现实：从包豪斯到"情境主义"的社会批判》[④]，两篇论文就现代设计将生产经验、功能要求与审美情趣从社会的个体的实践中抽离的"去情境化"的动机、过程和博弈后果进行揭示，指出现代设计造成文化结构缺失需要引起足够的重视，并向设计界发出精神还乡"重归情境"的呼吁。全球化所隐含的现代性隐忧，尤其表现在青年文化审美方面。在审美现代性"元叙事"裹挟下，全球审美越来越呈现同质化、标准化以及西方化的特征。这一过程表现为将地方性进行抽离的"脱域"性特征，与之伴生的是本土文化认同的消弥和文化困境的日益加剧。通过对国内各地的艺术区考察，很容易感受到这种"流动的现代性"的影响，比如各地艺术区中随处可见的涂鸦墙呈现出惊人的相似性，大部分都以英文字母组成图案，展现所谓"酷（Cool）"的文化（图2-2），而所见的当代艺术画作也呈现出强烈的西方价值取向。麦克卢汉（McLuhan）曾提出了"地球村"的概念，指出全球文化逐渐同质化、标准化以及西方化。阿里夫·德里克（Alif Dirlik）也表达了这样的看法，指出包括经济、政治、社会及文化等在内的全球化进程中，不仅世界的大部分被排除在"全球化"的进程之外，即使在进程以内的部分，随着交通或网络的推移，也留下未被触及的地区，或变为被"全球"概念所暗示的边缘意义的外围。[⑤]在此我们也需要看到，全球化进程本身并不是世界各地经济、政治、社会及文化进程的匀质化，反而是在新的关系和秩序的建立中，塑造新的中心与边缘。由此来看，全球化进程实际上是地域获得或失去话语权的过程。区域为不被沦为边缘，需要积极将社区纳入全球竞争体系中。

---

① 安东尼·吉登斯. 现代性的后果 [M]. 田禾译. 南京：译林出版社，2011:14.

② 安东尼·吉登斯. 现代性的后果 [M]. 田禾译. 南京：译林出版社，2011:47.

③ 许平. 生产中的解域与重归情境：兼及当代工艺美术学科的文化定义 [J]. 艺术设计研究，2014（2）:60-72.

④ 许平. 重归情境与景观化的设计现实：从包豪斯到"情境主义"的社会批判 [J]. 美术研究，2015（2）:79-83.

⑤（美）阿里夫·德里克. 全球主义与地域政治 [A]// 少辉译. 韩少功，蒋子丹编. 是明灯还是幻象. 昆明：云南人民出版社，2003:172-173.

图 2-2　四个艺术区中的涂鸦墙
（左上：北京 798 艺术区；左下：上海 M50 艺术区；右上：巴黎铁道冷藏库艺术村 Les Frigos；右下：英国利物浦艺术区）

（二）竞技场

从地球村的概念出发，全球化常常被谴责破坏本土文化和强化西方意识形态的统治，所以在世界范围内遭到了强烈的抵制。但从近年的研究显示，全球化并不是一种单向的力量，而是各种力量参与的"竞技场"（A Site of Struggle）。戴晓东等学者认为地方文化并不是被动的接受者，而是能够与外来文化互动，形成文化认同的双向拓展（图 2-3）①。这种"互动"的观点被广泛的研究所证实。本土地方文化与外来文化的互动，形成了"全球文化群"（Global Cultures），而非单一的"全球文化"（Global Culture），

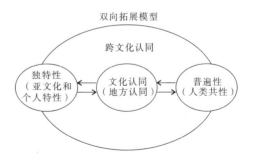

图 2-3　文化认同的双向拓展模型
（戴晓东.全球化主义与地域政治语境下跨文化认同的建构）

① 戴晓东.全球化语境下跨文化认同的建构 [A]// 跨文化交际与传播中的身份认同（一）：理论视角与情境建构.上海：上海外语教育出版社，2010:112.

因此，当代全球化是本土文化和外来文化之间紧密的、持续的和全面的相互作用和相互影响的结果。

全球化为社区发展带来新的发展契机，在全球化的产业垂直分工中，社区常常以其特有的资源竞争优势成为全球化产业链中的链接点，比如深圳大芬油画村是一个全球性商品油画（或称行画）产业链中的临摹复制生产基地，80%的大芬油画产品出口欧洲、北美、中东、非洲、澳大利亚等世界各地。深圳大芬油画村通过其充沛的地方画工集群的廉价人力优势，成为这一规模庞大的"原创、生产加工、销售"产业链垂直分工中的加工环节。

全球化是创意集群背后的重要推动力量，这种推动力量直接表现是催化各种资源包括人力资源形成地域集群，参与到全球性的分工中来。从三十年前澳大利亚人布朗在北京创办的"红门画廊"，瑞士人劳伦斯在上海主持的"香格纳画廊"开始，海外的画廊机构，纷纷扎堆于中国的北京、上海，让这里的当代艺术市场获得了全球性的链接，形成了规模化的当代艺术原创集群。我国当代艺术品市场的中心城市——北京和上海，海外的购买在其中占据了较大比例，成为京沪两地当代艺术品市场的重要支持力量。从这种以境外买家来推动中国当代艺术市场发展的事实来看，我们可以把北京和上海所集聚的当代艺术工作室群类比外向型企业集群。艺术家聚居与整个全球化的推动关系密切，并推动艺术家的集聚速度呈现加快趋势。

（三）社区的链接

泰勒·考恩（Tyler Cowen）在《创造性破坏》一书中指出："全球化和跨文化交流不是一种现象，而是世界文化发展的常态。全球化具有两面性，全球化对地域传统文化产生破坏力，同时为各种艺术观念并存提供了动力，催生了大量令人满意的现代作品，创造出时代文化的繁荣"[1]。全球化与地方之间是一种双向的互动关系，实际上全球文化出现了趋同与分化、同质与异质、普世性与差异性的双向发展的态势。在全球化的发展中，地域的独特性在地域文化资源禀赋的传承与创新中显示出其优势力量，获得全球性的关注。

社区是世界文化多样性的载体，是知识经济革新与创作的重要源泉，今天独特与多样性的地域文化，已经被更多的人认为是地方社区和城市，甚至是全球可持续发展的重要资源。社区地域多样性文化对于全球化知识经济具有革新意义，全球化在地方社区的多样性吸收中获得创新的营养，以地域的独特元素的吸纳来

---

[1]（美）泰勒·考恩.创造性破坏：全球化与文化多样性[M].王志毅译.上海：上海人民出版社，2007.

获得全球性的创新力量。霍斯珀斯从全球文化经济培育的视角，指出在全球化与地方化的博弈中，"城市将越来越依赖于自身的地方特质来获得发展。实际上在全球范围的文化经济中，这些独一无二基于地方的特质，决定了城市自身如何在竞争中凸显自身优势的超越能力。"

事实上大城市的成功无非是由诸多本土社区的成功所构成，因此，在全球化的境遇中，创意社区一方面需要有世界性的开阔胸怀，另一方面需要扎根在地域文化的土壤中，建立起地域的文化认同。所以，创意社区的建设需要努力融入社区和地域中的独特文化联系，规划和建设者应当避免大拆大建地将地域文化夷为平地的做法，应该尽可能地将地方历史文化信息保留下来，让艺术家、设计师们能与这种独特的地域文化联系起来，而不是割裂开来。

创意社区如何在全球化和地方化的博弈中，培育其本土文化认同，如何通过群体的文化认同与地域的互动共同培育社区的文化生态，是其在全球化的境遇中需要反思的，除了学习西方，我们更应该立足于我们本土，立足在我们活态的社区。如同郑矩欣指出的："而研究东方的目的，或在于可以因此而策略性地获得转弱变强且更加客观和真实的再平衡力量……研究东方，不仅研究固定的东方，也研究活态的东方"①。创意社区既可以是地域全球化进程的输入口岸，也可以是传统文化的封闭固守，同时也可以是"合其两长"的再平衡的混合选择。

四、创意社区的演化

（一）社区的演化

20 世纪初美国芝加哥学派以对芝加哥城市社区变迁的归纳，提出社区形成和发展的变化过程为：集中、核心化、分散化、隔离、侵入、演替六个过程，前三个过程指出了社区形成的特征（图 2-4），后三个过程概括了社区结构演化的特征。由于区位优势或其他条件，人口形成集聚，建筑物密度也随之增大。在集中的过程中，人口、资源、产业在某点相对集中，产业集聚而产生效益。集中达到一定界限后，集聚优势转为劣势，人口、

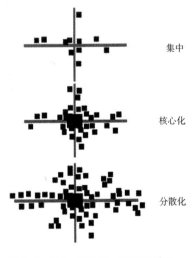

集中

核心化

分散化

图 2-4　集中、核心化、分散化示意图

---

① 郑巨欣 . 东方研究与设计之思考 [J]. 新美术，2015（04）:5-6.

产业向外围扩散以取得较佳的生产、生活条件。

社区中由于文化、种族、职业、经济差异，使具有相似属性的人群相对集中于某特定区域，各个圈层间彼此分化隔离。由于竞争，原由某种人群或功能所占据的地区，被另一类所渗透共存，产生社会形态或空间结构的变化。原地区人口或功能被入侵者通过竞争所取代，社区结构发生演替。这种由集中到演替的社区规律，在创意社区中同样发挥作用，形成创意社区的阶段性演替。芝加哥学派的归纳为我们认识自由条件下社区的动态演化过程提供了一个视角。在我们进入接下来的创意社区演化讨论中，同样需要具有两个前提条件：其一是它是自然形成，没有政府的强力干预；其二是其区位具有支持充分演化的动力条件。

（二）创意社区的集聚阶段

早在20世纪80年代，朱克英就以曼哈顿、休斯顿以南艺术家所进驻的"阁楼"（Loft）所形成的特殊艺术区进行研究，在《阁楼生活》一书中指出这种特殊"阁楼生活"[1]是经济、文化和政治的"过程"对城市文化和资本发挥作用的结果。在《城市文化》一书中她进一步指出，艺术经济是一种象征经济，它的兴起根源于两种长期的变化：首先是制造产业的经济衰退；其次是与抽象的金融投机的扩展关系密切。另外一些短期的因素也在发挥着作用，如新移民的大规模涌入，文化消费的发展和身份政治的市场化。[2]原有产业的衰退、金融投机以及新的移民等为艺术区形成集聚提供了机会。

图2-5 纽约苏荷区（李海霖摄）

无论是纽约的苏荷区（图2-5）、巴黎的贝西区、利物浦创意社区、柏林的哈克欣区，还是北京798艺术区、上海的M50，创意社区往往是诞生在产业衰退的区域中。随着当地产业的转型，曾经兴盛的制造产业衰退或迁移往其他区域，原有的产业区域的厂房、仓库、码头以及其他场所被废弃或空置，不能再发挥其原有的功能，这个区域也逐渐衰落。原来是这些

[1] Sharon Zukin. Loft Living Culture and Capital in Urban Change[M]. New Brunswick Rutgers University Press, 1989.
[2]（美）朱克英.城市文化[M].张廷，杨东霞，谈瀛洲译.上海：上海教育出版社，2006:9.

社区的最大雇主的公司要么倒闭，要么为接手的艺术家所购买或重组。艺术家们开始逐渐进驻，以低价的租金将这些废旧厂房、仓库等空间租赁下来，作为其工作和生活空间，进行艺术创作、展示。随着艺术家进驻人数的日益增多，画廊和其他的艺术中介服务机构也逐渐进驻，这些衰败的区域也出现新的就业机会，艺术家们在这些空间中的创作和展示活动增加了中产阶级光顾的人流量。

艺术家们对所租赁的空间进行改造，这种改造使得该空间原来的衰败面貌有了很大改观，也使得区域中空间开始出现大量艺术家工作室和文化艺术机构形成集群效应，并伴随着中产阶级人群被吸引光顾和消费的频繁，逐渐衍生出更多新的相关配套的生活、娱乐空间。艺术家们频繁的艺术展演活动以及富有艺术特色的空间再生产，在原来衰败的区域内渐渐地形成艺术区域，同时为更多的其他商业带来契机。以苏荷区为例，20世纪50年代艺术新锐的兴起和大量艺术家的入驻，这段时间进驻曼哈顿苏荷区的艺术家约占纽约艺术家总数的30%左右，20世纪80年代画廊逾千，艺术家逾万，"新美术馆"及世界顶级现代艺术馆"哥根汉姆下城分馆"先后落成，书肆、餐馆、咖啡座、时装店生意兴隆，一派文化气象[1]。

由艺术家对废弃场所进行改造，先吸引文化交流中心、画廊等艺术机构，再聚集商业产业如餐饮、服务业，渐渐兴起娱乐业，并最终带动当地房地产业热。在这一过程中原来的衰退区极化为新的区位，这种极化过程重新构造社区空间结构和等级结构，也形成新的中心和边缘，产生片区功能重构，随着新的生产要素的流入或者增加的要素的流入，片区内空间结构单元的经济性质、产业结构、消费结构和商业结构等都发生相应的变化。这种由艺术家的空间生产所引发的一系列连锁空间极化反应赋予所在片区新的极差地租，带来区域地价和租金的提升，学者们称这种区域由衰败到再次繁荣的现象为"空间的绅士化"或"空间的中产阶级化"[2]。

（三）创意社区的扩散阶段

随着艺术家人群和中产阶级人群的进一步集聚，其他的更具竞争力优势的商业机构也开始纷纷进驻，使得这些艺术区中的租金日益升高。早期进驻的艺术家和其他开拓者开始出现分化，一部分早期开拓者和艺术家在空间的升级中，"既作为以一种美的方式来生产空间（例如，用公共艺术）的发展商，也作为象征经

① 简惠英.台湾"另类空间"的前卫艺术发展——以"伊顿公园"为例[D].台湾：南华大学美学与艺术管理研究所，2004.
② Gert-lan Hospers. Creative Cities: Breeding Places in the Knowledge Economy[J]. Knowledge Technology & Policy, Fall 2003, 16（3）:143-162.

济的投资人，他们常被选为房地产再发展项目的受益者"①，成为受益者转变为社会中产阶级，继续在这个区域发展。其中大部分艺术家和开拓者在这种发展中落后，其经济能力已经无法维持日益高涨的租金，不得不迁移出这个已经兴盛起来的区域，迁往租金可以承受得起的更偏远的地区，形成"扩散效应"。

艺术区经济集聚规模的不断扩大，出现规模的经济现象，不仅仅租金上涨而且商务与其他生活成本增加，对于附加价值不高的艺术工作室而言，生产者（艺术家、艺术中介及早期开拓者等）运营成本超过利润，不得不向其他区域迁移，原有的艺术区中的部分资源、要素和部分经济活动也开始向其他片区进行扩散。当然这种扩散的动力并不仅仅来自于规避规模不经济效应，也来自于追逐新的聚集所带来的利益，一部分艺术家和开拓者们也主动迁往租金更低，生产、生活成本更低的区域，追求新的发展机会，那些已经发展起来的艺术机构也通过在其他地域建立起新的分支机构获得新的市场，这也成为艺术经济由集聚向扩散发展的动力之一。

伴随着扩散，艺术区内经济结构发生改变，品牌商业贸易与服务替代原有的艺术工作室和设计工作室。艺术区内艺术家的流出和扩散是一个相对缓慢的过程，第一阶段是艺术家创作活动的流出，也就是艺术家们一部分的艺术创作活动转移到其他区域，艺术交流和展演活动仍然是艺术区中的主要经济活动内容，这时期的主要表现是，艺术区中的艺术工作室主要功能由艺术创作场所向艺术展演的活动场所转变，与艺术有关的展示活动场所数量越来越多，片区内的经济功能发生转换，由原来的支持艺术家创作和生产的服务经济转换为发展艺术展演与交易的商业经济。

第二阶段，艺术区内完全出现艺术创作活动的空心化，艺术展演与交易及相关配套服务成为主要经济活动，片区内功能出现重组，商业人群和消费人群逐渐替代艺术人群，艺术区内空间结构的经济性质、业态结构、消费结构等都发生了演替，艺术区成为一个商务交易区，商务型的咖啡、酒吧等消费娱乐场所数量越来越多。这个阶段，最主要的特征是艺术家的流出和艺术产品的流入。

第三阶段，艺术区内发生了彻底的产业转型。艺术家和画廊悄然迁出，国际知名旗舰店、时尚品牌连锁机构及其他商业机构大量进驻，在片区内的商业竞争中替代原来的艺术展演机构，艺术区成为各种奢侈品、消费品、会员贵宾服务的展示舞台，艺术区转变为商业消费区和游客的目的地，社区也完成其阶段性的空间转型。

①（美）朱克英.城市文化[M].张廷，杨东霞，谈瀛洲译.上海：上海教育出版社，2006:19.

（四）创意社区演化对城市更新的意义

创意社区的演化为城市更新提供了新的动力，如同前面对演化过程所分析的，艺术为社区注入了新的活力，使得原有的闲置或废弃的空间资源被再次利用，以社区产业转型的方式，艺术家们对原有的空间功能进行改造。在这一个演化的过程中，艺术区与城市衰退区中的产业遗产之间进行了有机融合，一方面创意社区扎根于衰败的社区肌体中，以其特有的空间生产方式，往往使得城市的文脉获得新的延续，并得到新的发扬。另一方面，创意社区通过对已有的空间进行再生产，从场所中汲取灵感，推动着其艺术经济的发展。纵观一个个创意社区的演化历程，无论是纽约苏荷从旧仓库中凤凰涅槃，伦敦泰特美术馆诞生于火力发电厂，柏林哈克欣区从旧厂区中的崛起，还是日本北海道的小樽运河的古迹有机再利用，我国北京 798 艺术区对工业遗产的有效利用等，这些都可以见证这种基于创意社区演化所带来的城市更新与发展的驱动意义。

第三章
创意社区共同体生态

英国社会学家齐格蒙·鲍曼（Zygmunt Bauman）认为"'共同体'是社会中存在的、基于主观上或客观上的共同特征（或相似性的）而组成的各种层次的团体、组织。"[①] 滕尼斯认为"关系本身即结合，或者被理解为现实的和有机的生命——这就是共同体的本质。"[②] 共同体表示任何基于协作（肯定）关系的有机组织形式。作为地方性社区，共同体是具有一定的凝聚向心力，也就是共同体内部是一种肯定的协作关系，具有一定主观或客观共同基础。艺术共同体是以艺术核心人群和非核心人群共同参与的合作互动网络体系。在艺术共同体中，围绕艺术创意产品的展开的活动成为各种人群联系的共同纽带。

第一节　艺术人群的生存境遇

一、从日常生活审美化到亚文化

早在 1988 年，迈克·费瑟斯通（M. Featherstone）指出，我们正经历日常生活审美化。沃尔夫冈·韦尔施（Wolfgang Welsch）也在《重构美学》中写到"当前我们正在经历着一场美学勃兴。它从个人风格、都市规划和经济一直延伸到理论。现实中，越来越多的要素正在披上美学的外衣，现实作为一个整体，也日益被我们视为一种美学的建构。"[③] 日常生活审美化带来了美学经济的蓬勃发展，催生了大量与美学相关产品、时尚、设计、建筑、绘画等衍生产业的繁盛。

与日常生活审美化普遍勃兴相对应，进入新千年以来，中国社会由原来的"块状化"向"碎片化"发展，原有的社会关系、消费结构及社会观念的统一性逐渐瓦解，

---

① （英）鲍曼. 共同体 [M]. 欧阳景根译. 南京：江苏人民出版社，2003:1.
② （德）斐迪南·滕尼斯著. 共同体与社会 [M]. 林容远译. 北京：商务印书馆，1999:52.
③ （德）沃尔夫冈·韦尔施. 重构美学 [M]. 陆扬，张岩冰译. 上海：上海人民出版社，2006:3.

取而代之的是分散的利益族群和"文化部落"的差异化诉求。① 这一社会变迁也反映在了品位碎片化现象上，新亚文化即其中之一，比如"蚕茧族"、"小清新"、"森女"、"乐活族"、托夫勒的产消合一经济等各种亚文化。面向多元受众的"长尾化"网络市场给予原本业余设计师和独立设计更多的生存空间②。也为艺术家和设计师的跨界发展提供了诸多的机会③。

二、美学经济与繁盛

在这种社会多元化需求兴盛的背景下，原有的工业体系适应不了当前的需求，促发了本土艺术家和设计师开始另辟蹊径在规模工业化和手工业之间拓展第三条道路，甚至开始品牌化的尝试。与这种尝试相互动的是差异性社会需求的迅速升温，以设计师品牌时装为例：资料显示，中国设计师服装品牌市场迅速发展，由2011年的111亿元增加至2015年的282亿元，复合年增长率达到26.2%。④ 艺术家、设计师创业成为社会热点，多地还出现了政府主导的文创产业小镇和产业园区，这种创业实践从服装一直蔓延到家具、饰品、器具以及酒店民宿等其他社会生活多领域，并在一线和部分核心城市呈现群落化萌芽。

中国艺术品市场除了画廊与拍卖市场外，艺术博览会也异军突起，以产业的方式面向艺术消费市场，获得前所未有的发展。艺术市场面向艺术消费大众，使得中国艺术生态层次更加丰富。中国的艺术品投资进入一个空前的高速发展期，艺术投资的理念已经从意识启蒙迅速地成为人们普遍的共识与行为实践。无论在资金来源与运用方面，抑或具体的操作手段方面，也越来越等同于一般意义上的投资领域。这种背景下，大量的资金投入艺术领域，艺术品成为重要的投资领域。

北京的798艺术区、宋庄艺术区、酒厂艺术区、索家村艺术区、草场地艺术区以及观音堂画廊街区等成为当代艺术市场的北京聚集地。上海的莫干山路50号艺术区、泰康路艺术区、杨浦区五角场等成为上海聚集地。同时许多画廊也开始一改过去的代销模式，进行艺术资源开发，与艺术家签订一个为期不短的共同捆绑合约，同舟共济。一方面，画廊发挥其经理人的优势，按照资本运作的模式为艺术家做多渠道的市场推广，进行资本风险投资。另一方面，为了获得高效率的艺术产出，画廊不惜代价为艺术家改善创作环境，建设或者租赁高规格工作室，

① 杨跃锋,徐晴.社会碎片化视角下的政府社会管理体制建设[J].华南师范大学学报（社会科学版），2013（3）:74.
② 朱文涛."长尾"的设计——网络经济形态下未来平面设计运作趋势的分析[J].南京艺术学院学报（美术与设计版），2012（04）.
③ 张荣芳.以设计之力提升中国时尚品牌的影响力[J].美术观察，2014（1）.
④ 数据来源于：中国服装工业网 http://www.fzengine.com/info/tjbg/2016-7-14/1091627.aspx.

直接推动各地艺术工作室市场的开发，一个个的画家村、创意社区也孕育而生。

三、结构性问题

中国文化创意产业显示出其前所未有的机遇，同时也呈现冰火两重天的景象，存在着诸多问题。中国的艺术品市场一方面是极少数艺术家成为市场的宠儿，另一方面是大量的艺术人才成为社会经济的"边缘人"。张冬梅在其论文《艺术产业化的历程反思与理论诠释》中指出艺术家过剩的问题由来已久。而孔建华以北京宋庄的艺术家为例，指出大部分艺术家没有稳定的经济收入，在很艰苦的环境中从事艺术探索，有的甚至连生计都成问题。在部分中心城市，纯艺术专业的毕业生，滞留在城市的边缘地带过着非常艰难的生活。

类似的情况也发生在应用艺术类中，设计企业和设计师人群的生存状况也是相差极其悬殊。今天设计市场已经处于一个境内与境外设计师同台竞技的时代，境中设计机构以在我国设立分支机构的形式，参与国内设计项目的竞标、设计服务委托等活动，占领着高端的设计市场。以近年杭州设计市场为例，一个10万平方米的住宅项目的景观设计招投标，某澳大利亚驻上海公司的服务收费以150万元计，而杭州当地设计公司的最高收费报价仅36万元。再以90平方米室内样板间的设计收费为例，品牌设计机构收费在30万元，而普通家装设计单位收费仅为0.4万元，也有成立不足一年的设计公司为获得实践机会，愿意免费提供设计服务。

十年前，王受之曾在《中国设计教育批判》一文中指出，艺术设计类毕业生在企业就业，承担多于常人的时间和工作强度，但并不能达到同等学历收入的平均水平。甚至在上海、无锡、杭州等地，艺术设计专业的毕业生以零工资的条件寻找职场工作机会。据十年前童慧明在《膨胀与退化——中国设计教育的当代危机》一文中的数据，"艺术设计"专业占据全国在校大学生总数的2.2%，即每46人中有1人是设计专业的学生。每年有15万名艺术设计专业的毕业生走向社会寻求就业。童慧明描绘毕业生"就业难"的现象："一家企业招聘一二名设计师时往往会收到数百封求职函……这种境况在近两年的设计人才市场上，已经司空见惯。"

更严重的问题在于"设计能力低下、就业无门的大量过剩人才，为了生存的需要，势必以极低的薪酬标准与收费水平冲击设计服务的专业市场，大量稀释来自企业的设计需要，推动设计价值向低价运动，阻碍中国设计行业整体向高水平的提升。"[1] 艺术设计类的毕业生是未来设计师的候选人，他们的境遇影响着艺

---

① 童慧明.膨胀与退化——中国设计教育的当代危机 [A]// 杭间主编.设计史研究.上海：上海书画出版社，2007:270-286.

术设计未来的发展。十年后这一情况并没有改观，近年相关报道的情况更为严峻，麦可思研究院发布《2016年中国大学生就业报告》，分析了2015年大学毕业生的就业情况。相对来说，艺术设计专业的毕业生毕业半年内离职率较高，为38%；毕业三年内平均雇主数也较高，为2.4个[①]。

四、亟待孵化的平台

在一些中心城市，不少设计专业毕业生因无法正常就业，不得不选择"SOHO"的工作方式，先在城市中继续租房，所租住的住处是其设计工作室，然后承接各种低廉的设计业务，而一旦业务无法维持，他们在城市中的生活就面临危机。也有几个同学联合在一起，利用各自的资源度过一段时间，但往往最后也是无以为继。按照这种聚居模式，他们经常挣扎在生存的边缘，能坚持多久取决于业务能维持多久。大量的艺术类别的毕业生最终选择了改行，形成严重的艺术人才浪费现象。艺术家和设计师们所遭遇到的困境除了需要改革艺术教育本身和改善市场环境外，一个有利于年轻艺术人才进行创业，有利于提供实践机会，有利于人才阶段性孵化的平台亟待诞生。

第二节　艺术场域与中介机制

一、艺术场域与艺术机制

（一）艺术场域

对于艺术家群体的考察离不开其背景环境，需要从一个更大的艺术机制的背景中进行，法国社会学家皮埃尔·布迪厄（Pierre Bourdieu）提出艺术场域的概念："并不只是实际上创造其物质对象的生产者（艺术家们），而是一系列介入这一场域的行动者。在这些行动者当中有艺术性的作品的生产者（艺术家）——不论其伟大或渺小、知名或无名，有持有各种观点或信念的批评家还有收藏家、中间人、美术馆长、音乐总监等。简言之就是所有与艺术关系密切的人包括为艺术而生存的人，被迫在不同程度上依赖艺术而生存的人彼此面对着斗争的人（在斗争中重要的不仅是要确立世界观，而且要确立对艺术界的看法），还有通过这些斗争参与了艺术家价值和艺术价值的生产的人。"[②] 也就是说由艺术家、批评家、画商、

---

① 张恩. 毕业生大潮到来，艺术设计专业离职率高 [N]. 每日商报，2016.05.12.

② （法）皮埃尔·布迪厄著. 艺术的法则——文学场的生成和结构 [M]. 刘晖译. 北京：中央编译出版社，2001：353.

出版人和艺术经纪人等，以艺术活动为参与对象和媒介，交织在一起形成艺术的网络体系，形成了艺术机制发挥作用。

（二）艺术机制

彼得·布格尔（Peter Burger）在其《前卫艺术理论》一书中提出艺术机制（Art as Institution）概念。布格尔认为："艺术是在某些既定的机制中运作的，艺术家如何在艺术机制与艺术教育体系中被训练养成，与其艺术概念的构成及培养息息相关，其次就是艺术家生产作品时，其创作与作品如何在市场上被销售、收藏，如何被艺术批评家评价，又如何在媒体与评价机制中被褒贬抑扬——由艺术家的培养至创作产品的过程中的这种种层面，以及市场机制，如何影响艺术的生产与收藏价位，处处都影响艺术作为一种机制性的存在。而现代主义（特别是前卫主义）在这样的价值下方有其存在意义，因此艺术与艺术养成、生产及其市场流通机制密切相关。"[1] 单个的艺术家或设计师都离不开这种艺术机制的约束，因此无论是对艺术家个体或是个体群的考察都需要建立在艺术机制运行的背景中来进行。

二、专业画廊制度与合作画廊

（一）专业画廊

为他人消费而生产是商品化生产的本质所在，在艺术商品化的生产机制中，艺术家遵循着外在的需求和标准而进行生产，受到机制的约束，比如"专业画廊制度"。当代的专业画廊与当代艺术的前卫性相结合，同时也扮演着时尚、流行的"发起人"的角色。画廊是一个多种社会角色的复合体，无论是在公共收藏体系或是私人收藏体系中，画廊都作为一个关键的中间环节，链接着艺术资源和艺术市场。

（二）合作画廊

因为画廊是艺术家及其作品在艺术市场中获得"鉴赏"并达成其作品成功交换的关键渠道，所以画廊对于艺术家的创作形成了强烈的支配性，画廊支配着艺术家的创作主题，甚至支配着艺术家如何进行创作。也因此艺术家为摆脱画廊的控制所进行的抗争由来已久。20世纪30年代间美国纽约艺术圈，之前纽约的画廊一直是以法国巴黎的标准来评价画作，当代艺术的画作一开始常常被传统的主流画廊所拒绝，许多艺术家找不到画廊展出，他们不得不在当时还很衰败的苏荷

---

① 鲁明军．"当代艺术与社会"关键词 [A]// 王璜生主编．美术馆·后现代艺术理论．上海：上海书店出版社，2007:242.

区的旧仓库中展示自己的作品。

这种有别于传统画廊的展演空间成为画廊的"替代空间"并产生了"合作画廊"，用以提供这些新兴艺术家和新兴风格的作品展出。这种诞生于廉价的仓库区中的合作画廊，摆脱原有商业区画廊的控制，为当代艺术的独立发展和扩张发挥了重要作用。在那些老旧仓库里，既是艺术家的工作室也是艺术家的展示场所，并与经常性的聚会交织形成了创新的氛围，最终发展出有别于传统的艺术风格，并培养出广泛的欣赏和收藏人群。

三、设计的中介机制

在应用艺术领域，虽然不存在有形的如同画廊这样的中介实体，但艺术机制仍然是以其他的形式在发挥作用。以艺术设计等为例，那些具有一定历史和行业影响力的设计竞赛及其衍生的专业展览，即设计师迈向市场成功的重要渠道。设计竞赛可以类比为所谓的"专家委员会"在学院以外对设计师才华"身份"的认定，而专家委员会的这种评定结果，往往作为一种权威符号标签延伸到行业外的其他领域，对公众产生影响。

在开发新生设计师资源方面，欧美已形成了具有广泛辐射力的竞赛平台和展示平台，比如时尚领域有：英国 BFA、美国 CFDA、法国 ANDAM 以及企业设立的 LVMH 奖、H&M 奖、Lancome 奖、WGSN 奖、ITS 奖，这些奖项被广泛认同，给予获奖者起步阶段强有力的支持。相关的信息媒介和展会将产业链延伸到消费端，比如米兰发行有 30 余种国际性设计杂志，如：Ottagano、Domus、Arbitare 和 Interni 等，也有米兰设计周等提供展示支撑。在这些国际设计中心城市，地方密集网络已构筑起了设计师品牌产业的群落化平台，个体从品牌创立到发展也形成了相对成熟的典型的西方范式。

这种机制发挥影响的另一更广泛的形式为：为数众多的设计师依附于知名设计师来谋求发展，已经成为一种非常普遍的现象。知名设计师事务所有类似于专业画廊的地方，譬如事务所是设计资源和设计市场的联系中介，对于两者都发挥其重要的影响力，尤其是对设计资源的支配地位。以一个刚从学校毕业出来的设计专业毕业生为例，如果要在专业设计领域内立足，他需要通过竞争获得设计师事务所核心团队的认可，才能有展露才华的机会。

这种方式的出现，打破了设计师与公众之间原有的半手艺人的古老关系，设计师需要通过设计事务所这样一类中介与设计市场发生关系。比如 20 世纪 30~40 年代，美国雷蒙·罗维（Raymond Loeway）的设计师事务所同其逾百人的设计师团队的被依附关系，以及今天分布在世界各地规模庞大的雇员设计师群体与其雇用设计公司的被依附关系，即这种艺术中介机制发生作用的表现。

第三节　个体、个体群、集群

对于艺术个体与群体背景的关系，阿伦·斯科特指出："艺术与科学的工作总是在它们发生的背景中被塑造。在这个塑造过程中最重大的一个变量就是在文化生产中的劳动分工，即使是在画家的画室或者科学实验室这样容易被忽视的地方，也是如此。"[1] 由分工产生个体的分异，也产生团结协作，形成个体群，个体群之间进一步协作，演化出集群。

一、个体到个体群

回顾艺术的产业化历史，内部协作的个体群早已存在，雷德候在《万物：中国艺术中的模件化和规模化生产》一书中，引述了《江西大志》[2] 的记载，以明嘉靖年间的景德镇官窑为例，一个窑口包括："4 位匠师带 39 名助手，16 位陶工师傅带 86 名助手，4 位画师（很可能是作釉下青花彩绘的）带 19 名助手，3 位施色师（或许是施釉彩的工匠）带 3 名助手，5 名工匠题写年款（没有助手），3 位师傅带 24 名助手制作放置备烧瓷器的匣钵，最后，还有一群壮工跟着一位师傅和泥。"[3] 在大卫·瑞兹曼著的《现代设计史》中，记述着 1662 年巴黎南郊的"戈布兰工厂"[4]，为路易十四宫廷生产挂毯和其他室内用品雇用设计师和手工艺人多达 250 人。

艺术产业化的协作由来已久。分工协作在纯粹的文化艺术创作中也不例外，"在录音棚里，制作人、导演、歌队、音响师以及其他重要人物之间的交流构成了一个紧密团结的艺术实验空间，即使是导演本人的努力也不一定总是构成最具决定意义的有关什么该体现在最终的录音带上的因素。从文化经济中产生出来的最终产品，乃是集体劳动过程的结晶，它包含了许多不同个人的诸多专业活动。哪怕是在文化经济中占据工作阶梯最高一级的明星，也在相当的程度上是文化经济逻辑的内在表达。"[5]

斯科特指出，一方面艺术生产中个人创造力的天赋因素是必不可少，而另

---

① （美）阿伦·斯科特著．曹荣湘译．文化经济：地理分布与创造性领域 [A]// 薛晓源，曹荣湘主编．全球化与文化资本．北京：社会科学文献出版社，2005:173.

② 王宗沐于嘉靖三十五年（1556 年）著《江西省大志·陶书》，是记述江西景德镇御器厂制瓷详情的专著，全文辑入明嘉靖本《江西大志》。

③ 转引自（德）雷德候．万物：中国艺术中的模件化和规模化生产 [M]．张总等译．北京：生活·读书·新知三联书店，2005：123.

④ （美）大卫·瑞兹曼．现代设计史 [M]．北京：中国人民大学出版社，2007:3.

⑤ （美）阿伦·斯科特著．曹荣湘译．文化经济：地理分布与创造性领域 [A]// 薛晓源，曹荣湘主编．全球化与文化资本．北京：社会科学文献出版社，2005:177.

图 3-1 中国瓷器生产图谱第 18、22 步
(18 世纪下半叶，水墨纸本设色，收藏于德国萨克森阿尔滕堡，施劳丝与斯皮卡腾博物馆。)

图 3-2 查尔斯·勒布朗：《路易十四参观戈布兰皇家织造厂》
(1663—1675 年，挂毯，收藏于法国凡尔赛宫。)

一方面，艺术生产是根植于组织化的生产环境中，文化创意的最终产品是包含了许多不同个人、不同专业的协同合作的结果。由艺术协作所演化的个体群规模在当代已呈加速之势，以吉卜力工作室出品宫崎骏导演的《天空之城》为例，涉及 37 个专业的协作。由梦工厂出品，约翰·史蒂芬森导演的《功夫熊猫》涉及 391 名艺术家（全部演职员、制作人员、配音演员）参与创作。

二、个体群的演化

梅特卡夫（J. Stanley Metcalfe）在其著作《演化经济学与创造性毁灭》中为解释演化，提出个体群的概念。由他的概念，我们可以把一个工作室理解为一个"个体群"。在工作室中，一方面所属的成员个体必须具有一些共同的特征；另一方面为了协同合作的展开，成员之间还必须存有足够的不同之处。"这些个体之间彼此相互竞争，但是，由于面临相同的选择压力，他们之间又相互依赖。正是通过这种方式，个体被统一于相关的个体群中，并且附带地确定了具有选择重要性的特征。"[①] 比如一个工业设计工作室，设计师通过竞争被选择来承担相应的工作。数名设计师分别担负着设计总监、概念设计师、方案深化设计师、设计表现、模型师等角色，这些角色构成了具体的个体群，个体群中成员既有专业角色的竞争，同时也彼此依存进行协作。工作室需要内部彼此的协同演化来获得更强的专业能力，以在工作室与工作室之间的竞争中获得集体优势。

工作室与工作室之间的关系，既是个体群与个体群之间的关系，可以理解为单个个体群内部关系的放大，同样也是一种既竞争又合作的竞合关系。同样以工业设计为例，工作室通过竞争组成新的个体群联合体即集群，分别担负市场分析、概念设计、方案深化、设计表现、模型与工程等专业工作室群，有的工作室专门进行概念阶段的设计，有的工作室专门进行打样阶段的配合，形成一种新的协作机制，由个体群内部的竞争与协作升级为个体群之间的竞争与协作，演化成为一个彼此协作的"超级工作室"，从而获得工作室群整体竞争优势的提升。

工作室群的演化不可能发生在相同的工作室中，它需要不同类型工作室来作为组合和选择，也就是说，相同的工作室群是难以进行演化的，这也是目前一些创意产业园中，进驻的类似企业难以形成集群效应的症结。事实上，集群效应的产生是个体群演化的产物，在有限的市场前提下，大量相同的个体群是难以形成深入的协作，不具备演化条件。将个体群链接起来的是项目，个体群的协作常常是围绕着项目而展开，项目将各种类型的个体群集结起来，发挥各自的优势。

譬如位于日本东京都近郊的小金井市的吉卜力工作室，由动画剧本创作、角色造型设计、背景画美术设计、动画影片音效等诸多工作室团队组成，吉卜力工作室有130多名专职员工，实际上就是一个超级工作室，产品涉及动画电影、电视广告、电视电影、写实电影等的企划、制作。各个工作室围绕着项目运转，以音乐作曲创作为例，分别有久石让、间宫芳生、星胜、永田茂、野见佑二等团队为其服务，参与不同的项目之中。

---

① （英）梅特卡夫 · 演化经济学与创造性毁灭 [M]. 冯健译 . 北京：中国人民大学出版社，2007:31.

即便是在杭州的 LOFT49 这样非常松散的艺术设计聚集区，我们也可以发现由这种项目所产生的协作与组织关系。在这里，进驻的企业涵盖了大部分的设计门类，除设计类企业外，还包括网站制作与开发、广告、摄影、雕塑、绘画等多个类别。浙江当地制造企业为开发服装品牌，前期需要做一个企业策划来确定目标客户以及服装的风格、路线，后期需要平面设计，品牌专卖店设计等，因此需要策划咨询、平面设计、影视摄影、室内设计、网站设计等诸多艺术单位来参与其中。经过考察，制造企业最终在 LOFT49 完成其需要的大部分品牌开发设计工作，在这种模式中 LOFT49 中的艺术家们协同来参与项目。事实上，由项目将一个艺术聚集区中的艺术应用类的成员联系起来进行协作的案例不在少数。每一个项目都可能带来集群内个体群的一次协作和重新组合，每一次组合后的个体群都在上一次的协作中，衍生出了新的竞争力。比如部分摄影师所经营的工作室原本主要从事专业摄影，经过在 LOFT49 中多次与策划公司合作，其后业务独立拓展到商业策划领域。

三、个体群到集群

从个体群向集群的演化，得益于项目的灵魂个体群，即集群的龙头个体群的领导，因此发展或是引进核心个体群对于集群的发展意义重大。在各地的创意产业集聚区的建设和政策制定中，不少通过优惠政策积极吸引具有行业领导力的个体群来进驻，并力图通过它们的行业龙头地位特征加快形成创意集群。比如在杭州滨江白马湖生态创意城的初期招商中，创意社区的管理方出台政策，一方面以优惠政策吸引大师级的工作室进驻，另一方面对于年营业额 500 万以上的工作室给予房租和税收上的减免，以他们的行业影响力进一步吸引其他工作室纷纷进驻，迅速形成创意集群。在集群的发展期，其内部项目协作促进了个体群之间交往的形式、手段的发展，促进了集群的演化。

从集群的演化和发展现实来看，集群的发展状况与集群内个体群合作方式的发展状况是基本同步的，所以促进集群内部个体的协作强度和频率对集群整体竞争力的提高很有益处。因此，集群内频繁的艺术活动，将促进这种演化。但集群如果要保持其竞争优势，需要不断演化，需要新的个体群不断诞生，产生更多新的活力，推动集群生命的延续。

一个稳定的创意集群，往往会遏制创新的诞生，会产生不断滥用和复制已有的成功经验。因此集群内部需要不稳定的结构来维持集群的演化，这也就是霍斯珀斯所强调的非稳定状态[1] 有利于创新的环境的形成。所以从一个创意社区的长

---

[1] Gert-lan Hospers. Creative Cities: Breeding Places in the Knowledge Economy [J]. KnowledgeTechnology & Policy, 2003, 16（3）:143-162.

远发展来看，需要有各种新的个体群不断诞生，以加强整个社区的活力。因此，适度的孵化机制将有利于新的个体群的诞生和发展，并为集群带来多样性和创新动力，从这种意义上来看，孵化制度应当作为一种社区持续发展的战略来予以贯彻执行。

第四节　艺术知识源共同体联系

一、艺术知识共同体

知识共同体指的是一种跨文化、跨时代的共同性知识立场。具体而言，艺术知识共同体的建构基于三个层面："其一是基于本土文化内部或艺术本体内部的学科关系重构，其二是基于跨文化间的对话和交往，其三是基于跨时代间的延续和承袭"[①]。艺术知识共同体首要特征，是基于类似的知识和价值判断的共同性知识立场，建立在共享的核心知识源上，常常与地域艺术（设计）风格流派发生关联，并成为一种艺术人群联系的知识纽带、知识磁场。艺术知识共同体超越个人，是建立在一种集体的知识源基础上，因此对于艺术家的联系起着重要作用。

艺术群体的艺术风格、流派是艺术知识共同体的一种表现，这些群体起初常常与特殊的地点交织在一起。比如 19 世纪 30~50 年代间法国巴黎近郊的巴比松，在这里形成了区别于传统，以描绘村庄风景为主要共通点的外光主义"巴比松画派"。雅伏尔斯卡娅在《法国巴比松风景画派》中提到："原来只有罗梭、米勒与几个画家长期住在那里，然而可以大胆肯定，在 19 世纪的法国，没有任何一个现实主义画家不曾住在枫丹白露森林周围的小村子"[②]。直到 19 世纪 60 年代，巴比松近郊的夏伊村庄、马鲁罗特村庄，仍然是艺术家们的重要旅行目的地。在 20 世纪初，法国巴黎第 15 区蒙帕纳斯的蜂窝（La Ruche）成为了穷困潦倒的艺术家们的乐土，艺术家们汇聚这里进行他们的艺术实验，蜂窝是艺术变革的前哨，类似的情况也发生在蒙马特区的浣衣舫（Le bateau Lavoir）。20 世纪 30~40 年代的纽约苏荷区，也形成了类似的群体，以接纳当代艺术的立场吸引着无数当代艺术家向苏荷区流动汇聚。

在艺术设计领域，1903 年成立于维也纳的"维也纳工坊"、1907 年成立于慕尼黑的"德意志工匠联盟"以及 20 世纪 30 年代的魏玛包豪斯群体都以其独有的设计主张成为一种艺术共同组织。艺术知识共同体对于艺术人群流动与集聚，发挥着积极作用。艺术（或设计）表现风格、形式、内容的近似，形成了艺术人群

---

① 鲁明军. 知识共同体：当代艺术学谱系的取向 [J]. 世界美术，2006（2）.

② （苏联）雅伏尔斯卡娅. 法国巴比松风景画派 [M]. 平野译. 济南：山东画报出版社，2003.

的"友谊"基础，形成彼此认同上的联系。这种心理关系建立在共同的知识背景和共同的知识价值认同上，形成滕尼斯所谓的"默认一致（consensus）"[1]，将人们团结为一个特殊整体。

二、无形的组织形式

艺术知识共同体是产业外无形的组织形式。基于本土文化内部或艺术本体内部的学科关系，常常将一个地点转化为某类知识的世界中心，比如美国好莱坞的电影产业，伦敦的歌剧，巴黎和米兰的时装，纳什维尔的乡村音乐等，都具有这种全球知识中心的特征，形成强大的吸引力。艺术团体是艺术知识共同体的具体组织形式之一，比如各种学会、社团，例如创立于 20 世纪初杭州的西泠印社，以金石印学将艺术家们组织起来，地域中的艺术团体是"一种积累的文化资本的储藏室"[2]，而这种文化资本正是地域在全球化中赖以维系自我文化认同的关键资本。基于地域的艺术知识源对于构筑艺术知识共同体，形成地域认同是一个长期的过程，但这种特征一旦形成，将转化为一个持久的活跃在特定地域上的汩汩不息的源泉。

三、知识源的溢出

艺术知识源是创意社区的知识内核，这种内核意义并不仅仅局限于吸引相似知识立场的艺术人群形成凝聚，更为重要的在于知识源形成溢出效应，发展为一种开放的联系，为其成员带来整体性的知识产出，也就是将知识源作为重要的共同创新资源，转化为具有应用价值的创新结果。在知识的分类中，可以将知识分为编码化知识和非编码化知识，显性知识和隐性知识。艺术或设计思维以隐性知识的方式，以经验、技能等形式存在，因为很多知识本身难以被编码和传递，只有在知识源的近距离"溢出"中交流习得，并且这种习得与知识源的距离成比例。

这种情况在早期民间艺术产业中表现尤为突出，譬如杨柳青年画中，戴氏和齐氏两大画师世家是杨柳青年画的最高技艺的代表，成为杨柳青地区的一个重要知识技艺扩散源，直接推动杨柳青及其周边地区年画产业的发展。陈子如的研究表明："（戴氏年画）除精品自行绘制外，又将大量的手绘工序分流到炒米店、张家窝、老君堂、古佛寺等村加工，带动南乡一带肇兴画风。"[3] 戴氏和齐氏世家的

---

① （德）斐迪南·滕尼斯．共同体与社会 [M]．林容远译．北京：商务印书馆,1999:71-72.

② （美）阿伦·斯科特著，曹荣湘译．文化经济：地理分布与创造性领域 [A]// 薛晓源，曹荣湘主编．全球化与文化资本．北京：社会科学文献出版社，2005:173.

③ 陈子如．杨柳青年画形成和发展的五大因素 [N]．天津日报．聚焦西青，2006-06-02.

技艺传播，使得杨柳青木版年画了清代中叶进入了鼎盛时期。薄松年认为，一些民间画诀，对于年画艺术在地域中的发展起到了重要作用。比如"画中要有戏，百看才不腻；出口要吉利，才能合人意；人品要俊秀，能得人欢喜。"，"仙贤意思淡，美人要修长，文人一根钉，武人一张弓"，以及具体到涉及人物比例的"行七坐五蹲三半"，"一手半面"，"竖三停，横五眼"[①] 等。这些民间技艺口诀在社区中的流传，也在很大程度上提高了这一知识共同体的技艺水准。

在深圳的大芬村，1989 年香港商品油画商人黄江租用民房，招募学生和画工进行油画的创作、临摹、收集和批量转销，为大芬村带来商品油画技术和商业流水作业模式，大芬村的商品油画开始起步和发展。现在大芬村已经是画行云集，这些画行老板大多是早年追随黄江的画工学徒。例如集艺源画廊老板吴瑞球，就是黄江招进大芬村的第一批画工。大芬村行画的发展一开始就是结合行画培训班的传授与习得模式，通过技能培训产生所需要的油画画工，这直接促进了大芬村整体行画技艺的提升。而在其外销渠道开拓和商业模式上，已有的模式被后来的学生们不断应用和创新，在学生们基本掌握后就另立门户，开出自己的画行，学生的学生也按照这种模式不断衍生新的画行。

在现代社会中，艺术院校、研究机构、学术团体常常成为重要的知识溢出源，成为艺术知识共同体的推动者，同济大学周边的"环同济建筑设计产业圈"的崛起，就是一个非常典型的案例。包围着学校的 4 条马路——四平路、国康路、密云路和赤峰路已聚集着 800 余家企业，形成了一个年产值巨大的"环同济建筑设计产业圈"。在这个知识经济产业圈中的企业大多与同济大学有亲缘关系，"同济大学的教师与毕业生是周边设计企业创业的主力军（80% 的公司是同济师生创办的）。一大批学识渊博、经验丰富教师、学者担任着创业企业的顾问。研究生与本科生在教师的工作室参与项目或直接到公司打工，为设计公司提供了大量的成本低、高质的临时员工"[②]。创业者们得益于同济大学这个重要的联系和知识智力支持。与院校和研究机构不同，学术团体并不一定局限于某个地点，在某种程度上是一种超越地域局限的知识联系的共同体，但这种跨地域的网络却总是能够将各个地点链接起来，并通过各种学术活动将共同体中的成员组织起来。

因此，艺术知识共同体的无形联系，对于创意社区中知识与技能的发展意义重大，在经济方式组织起来的集群之外，知识的共同体以另一种组织形式在更深层次上影响着创意社区内的集群。

---

① 薄松年 . 中国年画艺术史 [M]. 长沙：湖南美术出版社，2007:155.
② 刘强 . 同济周边设计产业集群形成机制与价值研究 [J]. 同济大学学报（社会科学版）.2007, 18（3）:61-62.

四、情境创意

创意是对知识的应用，研究者认为情境创意是情境知识概念的延伸，并解释情境知识不仅是在个体心中并以外部显性方式存在的，而且存在于空间和地域、语言和其他媒介、组织、网络以及其他社会互动体系等情境背景之中[①]。

一方面，观念化的地域文化资源禀赋对于情境创意起到关键作用[②]，另一方面研究者通过实证，证明实体化的场点情境和空间对创意活动形成实质影响[③]。从情境知识的角度，个体创意活动固然具有创造性作用，但个体创意活动是由更广泛的情境所决定，是个体与情境互动的结果，因此除了个体的创造性因素外起到环境背景作用的情境创意不容忽视。

第五节 创意社区生态网络构建

早在 20 世纪美国芝加哥学派即用生态区位来研究社区，认为社区本身是一个生态系统。生态系统可以概括为生物群落与生境条件两个方面，在生态系统中，成员间存在"共生和竞争"两种关系。个体与个体位置上的靠近仅仅是组成了群落，是集群的表象，并不能由此带来集群的建立和产业效益的产生，真正活化集群的是生境条件。

因此集群的深层意义在于完善"生境"条件，构筑网络生态，只有从"活化"生境的角度才能更好地认识创意集群，从创意产业之外的社区环境中找到生境的支持条件，经营好集群发展创意社区的经济。以 2001 年英国纽卡斯尔（Newcastle）大学"城市与区域发展研究中心"（CURDS）所提出的"创意集群网络"[④]概念为基础，与实际情况相结合，将要素条件还原到社区中，进行"群落"与"生境"两方面归纳，构建出创意社区共同体生态网络组织关系。

在创意社区的生态中，主要有 12 种要素构建起创意社区复杂的生态，它们分别是：①艺术家、设计师等创意个体；②各种创意公司个体群；③观众、听众

---

① 菲奥伦萨·贝鲁西，西尔维娅·丽塔·赛迪塔. 文化产业中的情境创意管理 [M]. 上海：上海财经大学出版社，2016：4.

② Gert-lan Hospers. Creative Cities: Breeding Places in the Knowledge Economy[J]. Knowledge Technology & Policy, 2003, 16（3）:143–162.

③ 张纯，王敬甯，陈平，王缉慈，吕斌. 地方创意环境和实体空间对城市文化创意活动的影响——以北京市南锣鼓巷为例 [J]. 地理研究,2008（3）.

④ CURDS（2001）Culture Cluster Mapping and Analysis, Report for ONE North East., CURDS, Newcastle University, UK

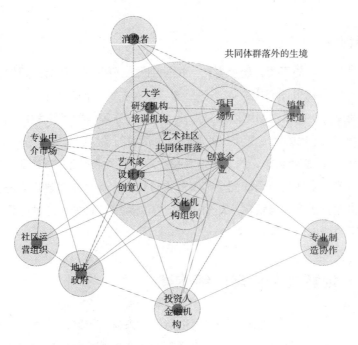

图 3-3　创意社区共同体生态示意图

等，也包括购买设计等服务的企业创意购买者；④项目场所；⑤专业的市场配套及中介；⑥专业的制造或生产协作配套；⑦大学或相关的研究机构、教育培训机构；⑧事业的投资人、金融机构；⑨文化艺术的专业组织或行业组织；⑩地方政府；⑪非官方的社区运营组织或第三组织及其志愿者；⑫艺术创意产品或服务的零售渠道、分销渠道。这 12 个要素相互之间构筑成创意社区复杂而多样的社区网络体系（见图 3-3 示意）。

　　模块化组织与创新在创意社区中尤为重要。相比于新科技发展，创意产业主要通过项目创意，应用模块化的运作为自己带来创新价值。已有的研究成果显示，创意产业链条总体模块可以划分为概念与样品、再设计与生产、产品宣传与消费体验三大模块，创意概念与创意样品模块是创意产业组织价值创新的源头，是创意知识产生和传播的基础，并构成了其产品示差性和垄断性特征。一方面创意概念与创意样品本质是知识创新，高度依赖于社会创新网络；另一方面概念与样品向再设计与生产、产品宣传与消费体验方向传导，更依赖于已有的模块化组织，或者潜在的模块化创新。

一、艺术创意个体与个体群

　　在这个网络中，创意的核心人群以两种形式存在：一种是以创意个体的方式，比如自由艺术家、设计师以及其他创意人，他们或以自由加盟个体群的方式或以个体工作室的方式；另一种是个体群的方式，通常是进驻的创意企业，比如各种类型的设计公司、文化机构、策划咨询机构、建筑设计公司、时尚设计公司、动画影视公司、电子游戏公司等。个体与个体群两者之间关系紧密，主要存在合作、雇佣与混合三种关系。

自由设计师以个体工作室形式存在，既自己承接设计项目，也承担设计公司的分包项目。这种情况下，自由设计师与设计公司之间构成一种松散的项目合作关系，个体设计师既是设计公司的资源也是创意社区的资源。纯艺术创作的艺术家也多以个体方式生存和发展，与艺术机构构成一种项目合作关系。

职业设计师受雇佣于设计公司，与设计公司是雇员与雇主的关系，艺术家、设计师和其他创意人群是创意企业的人力资源。部分进行艺术创作的艺术家实际也受雇于艺术机构、画廊，与这些机构之间是雇佣关系。这种类型的设计师、艺术家个体依赖于创意企业获得经济来源，另一方面创意企业依赖于他们获得发展。

合作与雇佣两者之间的混合状态，也是创意个体与创意个体群之间的一种常态。创意企业根据其发展的规模和发展的阶段不同，与创意个体之间形成不同的关系。需要指出的是大部分的创意企业都是围绕着项目进行运作，即以项目组织人员，创意个体围绕着创意企业所承揽的项目而展开合作，项目在不同的阶段有不同的创意人加入其中，在相应的阶段创意人又游离在项目之外，个体与个体群之间常常是一种混合状态。创意企业以项目的方式不必常年聘用艺术家或设计师，而是在项目需要的时候雇用他们，而在空闲状态即可以减少人力开支。艺术家和设计师们也能在这种模式中获得更多选择的自由，他们可依据自己的情况作出相对自由的选择和发展。

总体而言，创意个体群为创意个体提供了一个通向更为复杂网络的接口，创意个体经由创意个体群获得协作的发展空间和机会。创意人是创意社区的核心人群，如何引进创意人才、留住创意人才和培育创意人才是创意社区核心建设内容。

二、项目场所

不同的创意个体或创意个体群同消费者之间是通过项目发生联系的。项目所直接发挥作用的场所成为创意社区中的一个核心链接点，首先通过项目场所，创意人与对象联系起来，比如美术馆以作品展览的形式将观众与艺术家们链接起来，时尚T型台以一场时尚发布会的形式将设计师与观众链接起来，剧场以一场音乐会的形式将听众与表演艺术家链接起来，酒吧以一种体验的特殊形式将消费者与经营者链接起来，饰品商店以工艺品的形式将艺人们与消费者链接起来……因此，美术馆、画廊、展览馆、时尚秀场、剧场、酒吧、创意街店、博物馆、艺术书店等场所是创意人与消费者链接的媒介场所。在这些场所中，艺术作品或创意产品展示、展演成为艺术鉴赏、评价、收藏等活动的重要场所，并成为创意社区中人们形成聚集，相互交流，进行互动的重要载体。

创意社区的发展离不开一定密度的艺术活动，一个创意社区的形成与发展与其活动场所的形成和发展密切相关。英国的泰特现代美术馆促成了其艺术区的形成，一定规模的美术馆对艺术人群特别是观众或游客的集聚发挥着积极的推动作用。艺术场所的链接作用远不止于联结起创意人与创意消费者，同时对于艺术专业组织、专业市场配套、专业生产配套、创意的销售渠道、职业教育培训等都发挥着积极的吸引作用。创意场所，特别是一些艺术场馆比如美术馆、剧院、博物馆等具有一种媒介作用，是一种公开的学习与交流空间，其中不少非营利的展览空间，具有一种公共产品的属性，发挥着广泛配置性作用。

三、中介市场配套

在创意社区的实践中，专业的媒介配套发挥着重要的作用。在开发新艺术家、新生设计师资源方面，地方密集网络将为社区成员提供群落化平台。在这方面欧美的经验值得借鉴，在成熟的创意产业集聚区，个体从创业到发展形成了相对成熟的典型的"西方范式"，以时尚设计师进行品牌创业为例：设计师参加设计大赛的平台，通过获奖获得各界关注，创立品牌推出产品，进一步通过展示或走秀，被数量众多的资深买手进一步挖掘，最终由专业的营销渠道和媒体渠道来完成销售和推广，设计师相对独立开展设计。欧美已形成了具有广泛辐射力的竞赛平台和展示平台，比如时尚领域有：英国 BFA、美国 CFDA、法国 ANDAM 以及企业设立的 LVMH 奖、H&M 奖、Lancome 奖、WGSN 奖、ITS 奖，这些奖项被广泛认同，给予获奖者在品牌起步阶段强有力的支持。相关的信息媒介和展会将产业链延伸到价值端，比如米兰发行有 30 余种国际性设计杂志，如：Ottagano、Domus、Arbitare 和 Interni 等，还有米兰设计周等提供展示支撑。

艺术区所形成的画廊集群架起了艺术人群与艺术市场之间的桥梁，成为创意社区获得发展的重要推动因素。专业的媒介配套表现形式并不仅仅局限于画廊，它包括各种形式的中介机构以及起到促进交易的各种要素。专业的博览会和展览会也是其中的一种形式，事实上专业的市场配套在创意社区中常常是被泛化的，大量相对集中的展演空间或者是工作室附属的展示空间都可以转化为市场配套的组成部分，工作室空间与展示空间常常是难以区分的，而这种界限模糊的空间一旦集聚到一定规模，即具有着专业市场配套的功能。各种形式的艺术节也是市场配套的一个内容，提供市场配套的企业通常还包括：策展机构、拍卖行以及各种中介机构等。专业的市场配套，也有许多是针对组织机构市场的，比如艺术区中的某些大型跨国艺术机构的分支机构。各类咨询、策划等机构在设计的组织机构市场中也承担着重要的中介功能，成为设计需求企业与设计服务企业间的中间桥梁。

四、生产配套模块

专业的生产配套是促进创意产业在创意社区中良好发展的必要支持力量，专业的生产配套根据创意社区的特性不同也会各有不同。比较欧美的成熟创意产业集聚区发现，相关差异化的工业生产模块化体系较为夯实，在此基础上形成了西方模式。以意大利家具产业的差异化工业为例，其产业架构于企业资本、小型作坊和设计师工作室协作格局上，梅达是意大利家具制造中心，其所在的布里安扎地区有三万余家家具定制作坊和数量众多的中型生产企业，其中两万余家是规模不足十人的小型作坊[①]。这些小型作坊形成了密集的生产网络为设计师提供小量化配件开发与生产支撑。

在米兰和巴黎的时尚领域，各种类型的纽扣坊、刺绣坊、珠宝坊、羽饰坊、鞋履坊、制帽坊和花饰坊等为设计师的差异化生产提供帮助，设计师可以与这些古老作坊的匠师一同深度开发设计，形成高品质的设计师产品。相比较，我国制造企业集中度高，多为规模化架构的（设计、生产和销售）一体化企业组织或核心企业协调下的网络组织，侧重于以规模工业来摊销成本获得效益，短期内难以对分散的少量化生产提供支持。面料、染织、化工和材料供应链的情况更为严重，设计创新离开材料的开发配合，其创造力和表现力受到很大限制，这也形成了与西方相比国内文创产品同质化严重的局面，从实际调查来看，除了风格取向外，更多原因是生产供应链所造成的，因此，要亟待完善模块化生产体系。

专业的生产配套发展的程度，往往决定着创意社区中创意产业的发展程度，比如上海同济大学周边所形成的集群，这其中有为建筑设计单位提供配套服务的众多企业，从各种效果图绘制、图纸输出、文本装订、模型设计与制作到各种建筑材料样板的匹配以及相关的各种设备信息的提供一应俱全，形成了相当完备的建筑设计专业生产服务配套体系。专业配套服务也常常成为更多创意企业与个体形成集聚的一个重要因素，比如大型的雕塑空间和雕塑设备的租赁，常常能对雕塑艺术家及其市场产生有效吸引。专业的生产配套为创意社区提供了一个重要的基础辅助平台，能够促进创意产业向纵深发展，并提高该区域竞争力。例如工业设计，高效的专业打样配套服务直接影响到设计企业的水准，一个有着高效率的

---

① （美）吉姆·波斯泰尔.家具设计 [M].王学生、陈莉译.北京：电子工业出版社，2014：321.

打样配套服务设计基地将促进研发的更高效率。因此，专业创意生产配套的状况一定程度上决定了创意社区基础竞争力。如何构建一个完备和高效的生产配套在创意社区的建设中不容轻视。

专业媒介配套和制作配套是创意社区建设公共服务平台的重要内容之一。特别是对于建设专业市场配套方面，需要创意产业经营管理人才和文化市场营销人才，以及其他中介人的加盟，比如：艺术经纪人、文化公司经理、传媒中介人、出版商、制作人、设计客户服务人员等。他们是创意产业向传统产业进行渗透的重要中介，是将艺术家、设计师的创意成果转化为企业家的经营资源，实现创意市场化和产业化的重要推进人群。一旦缺少这些中介人员的参与，创意产业难以进行真正的产业和市场转化，因此培育和引进各类人才在创意社区的建设中不容忽视。

五、地方政府

创意社区的融合性和交叉性发展，需要具有协调性的内部发展政策，因此需要相关的政策支持。在政策支持方面，地方政府在创意社区中发挥着无可替代的引导和协调作用，并通过提供与创意发展相关的各种公共产品和公共服务来促进融合性和交叉性发展。

如何制定与创意社区发展相适应的政策，在创意社区的实际运作中非常重要。比如英国伦敦将创意产业作为一种城市发展战略，提出"创意伦敦"，并在政策制定上给予一定倾斜：①在发展资金的获得上，各种基金与彩票事业都成为创意产业的重要支持，由政府出资修缮或新建美术馆、博物馆、图书馆、剧院等大型公共场馆为社区的发展提供公共产品和服务；②政府在人才、语言、文化、金融与商务服务方面，也起到了较好的引导和协调作用，并由此吸引世界各地的创意人才和各类创意文化资源的进驻；③伦敦政府当局支持开发"创意中心"属地化合作伙伴关系的建立，通过社区和文化团体，与政府、教育机构和房地产商的齐心协作，旨在满足创意产业需求，不但提供常规商务援助，也着力把艺术与创意带向新兴和扩展中的市场；④提供共享办公空间和柔性租赁期，吸引创意企业形成集聚，支持它们的成长和发展，并进行适当的孵化；⑤伦敦政府在推动多元文化发展和城市的开放性上也发挥着积极作用，开展形式多样的多元文化活动，并由这种多元文化的塑造转化为社区的文化资本。

总体而言，在创意社区中，地方政府主要发挥以下职能：①为创意社区构建一个良好的创意氛围，提供一个开放、包容、和谐、友好的社区软件环境；②制定地方产业投资的支持政策，为社区搭建融资平台，通过融资担保贷款贴息、民间投资等方式，逐步建立多元化的文化创意产业投融资格局；③构建创意社区的价值链利益共享机制，促成不同行业、不同领域与创意产业融合，通过跨界融合寻找社区的文化和经济新机会；④建立和完善与文化创意产业相配套的其他一系列硬件设施，包括与产业有关的信息基础设施，完善与创意社区相关的居住、办公、消费、休闲等基础设施；⑤通过政策引导，营造引进创意人才、留住创意人才以及培育创意人才的大环境。

六、社区组织

社区组织既包括社区内部非官方组织也包括与社区相关的各类社会团体。一般包括社会公益组织、文艺团体、宗教团体、行业协会等。各种社区组织在落实和推动创意社区的各项事业发展中，发挥着不同的作用。比如活跃的行业协会，一方面能够运用其专业知识为社区提供公益性服务，维护社区企业的利益，还能够联系同行业、同类企业，制定内部行业标准，规范协调社区和企业的行为；另一方面，整合社区产业与外部产业链和创新链，成为各种资源的融合平台，促进企业发展和社区内源性增长，成为激发社区活力的重要催化剂。

社区组织既运用其专业知识为社区提供公益性服务，也为自身所代表的特定的利益群体服务，并通过这两项服务使自身获得发展。社会团体参与提供公共文化服务的途径很多，当前较为常见的形式是一些团体参与主办或协办文化创意产业会展，向各界推介文化创意产品。通过开展行业基础调查，为政府和企业制订创意行业发展规划，提供有价值的信息、咨询等；学术性社团要树立科研为市场经济服务的观念，并尽可能地使学术研究成果转化为生产力，促进文化创意产业的发展；专业性社团通过培训创意人才，提高了创意人才的科研研发能力。目前，我国多数创意产业园区的行业协会，还必须承担建立行业标准或园区技术质量标准，以技术监督、质量评定和价格协调等手段，规范市场、维护产业园区公平环境的职责。

七、文化专业组织

斯哥特认为文化组织是地方文化资源禀赋的重要储存库，在创意产业中发挥着重要作用。专业组织包括各种行业协会，例如各类装饰学会、建筑师协会、博物馆和美术馆协会等，也包括各类学会、社团，比如昆剧研究学会、民间剪纸研究会、民俗文化研究学会……这些专业组织为创意社区带来专业领域的不同视野，为创意社区在学术影响、艺术创意人才、创意资源、艺术文化信息等方面带来拓展。可以说专业的行会组织是创意社区作为一个地域的点对外部其他区域的各种纵向资源对接的很好渠道。专业协会为创意社区参与行业技术交流提供了一个渠道和平台，在交流的过程中对创意社区内的各种要素资源能起到一定的优化作用，能有效促进人才向社区流动，有助于集群向符合行业发展前景的方面整合。文化专业组织也往往形成一个"文化圈"，当然这种圈是跨越地理局限的，将分散在各地的专业人士组织起来。

八、大学研究机构和教育培训机构

美国斯坦福大学周边形成的"硅谷"引领了美国几十年的科技与经济发展。在知识经济时代，大学作为知识与人才中心在经济、文化、社会发展中起着越来越重要的作用，依托大学知识与人才所产生的产业集群也日益引起了人们的高度关注，成为许多国家或地区促进经济与社会发展的重要手段。大学是区域智力的中心，是技术的发生器，聚集着优秀的人才，大学及其研究室是社区中不可多得的文化资本。大学是学术、科研、创新的发源地，往往新的技术、创新的产业总是率先在大学里萌芽，所以建立创意社区应当合理地利用当地大学资源。大学对于创意社区文化氛围的形成也产生着积极作用，大量的事实已经证明大学的学术氛围有利于社区良好环境氛围的养成，大学的学术交流与互动为社区带来新的知识视野，并且各种思想与观念在这里传播。大学知识的溢出，有助于社区内的创意集群整体知识水平的提高。优秀的大学是思想与观念的巨大储藏室，大学也是培养自由精神和独立思考的地方，可以为社区内创意产业提供各种新的思想和观念，推动各种新思想与观念的诞生。佛罗里达将大学生比喻为"金丝雀"[1]，社区中高水准的大学能为社区注入大量优秀的来自世界各地的学生，为社区带来多样性文化，为社区带来新的发展契机。社区在吸收优秀毕业生投身社区事业发展上具有地利上的优势，同时随着各类毕业生走向世界各地，也为社区带来信息的广泛传播和各种潜在的社会资本。

近年国内的艺术学院也尝试着进行独立的品牌实验，比如中国美术学院试图以设计师群体搭建艺术衍生产品自主品牌"敦品"。2014 年，北京服装学院试图整合青年设计师搭建集合品牌"Bift Collection"。创意社区最终是依托于创意人才而获得发展，因此提高创意人才职业化水平是社区竞争力提高的有效途径。职业的教育培训机构为社区中创意产业的从业人员进行职业技能上的培训，以提升从业人员的职业素质。与大学不同的是社区培训机构提供的是职业技能培训，为创意社区中的从业人员提供职业化的教育和继续教育，从而提升整个社区中人员的职业竞争力，为创意社区的发展提供技能知识上的支持。比如伦敦的"伦敦城市共同体"组织，是一个促进创业的民间组织，训练青年多样化技巧，以满足进入音乐产业的需要。

---

① （美）理查德·佛罗里达 . 创意经济 [M]. 北京：中国人民大学出版社，2006:79.

九、投资人与金融机构

　　各种类型的投资人在创意社区中扮演着另一个重要的角色，为社区的各项事业的发展进行投资。投资人在创意社区中可以大体分为两类，一类是源于社区内部，即社区原住民，他们以资金和各种物业作为资本进行投资，主要是以闲置空间进行投入，也包括对这些闲置空间的改造。比如北京宋庄的居民出租大量的闲置院落，自己经营工作室空间或者开办画廊，有的投资建设美术馆，也有的对相关的配套进行投资，比如画材商店、饭店等。第二类是来自社区外部的投资，这主要包括各种进驻的艺术工作室、设计事务所、艺术机构、画廊、艺术中介机构、拍卖行等的投资，这种类型的投资既包括资金、设备等，也包括智力等其他软资本。投资人也包括一些专业的艺术基金会组织以及相关领域的投资机构，他们的介入往往对创意社区带来新的发展契机，比如 2005 年，尤伦斯在北京 798 艺术区开办当代艺术中心新场馆，进一步带动了各方面对 798 艺术区的投资热情。

　　金融机构为企业和创业者提供着资金、贷款上的支持，是社区创业者的重要融资渠道。在创意社区中，各种风险投资和各种门类的投资基金拓展了创业者的融资方式，缩短了创业者的时间成本。金融渠道的健全，有利于版权、专利或者创意的产业化运作和转化，使得优秀的创意观念能够获得孵化和生产的转化，加快各种创意要素资源的综合利用，最终促进社区的发展。在社区创意产业的起步阶段，部分城市结合自身的发展特点，对创意产业进行区别对待的金融支持，促进着创意产业的发展。

十、销售渠道与消费者

　　如同英国经济学家凯恩斯指出的那样，资本的增殖动力来自于消费，而不是生产本身，因为消费者的消费才使得生产可以继续。创意产品的分销和零售渠道对于社区的发展也发挥着不容忽视的作用。创意社区的发展需要产品或服务的输出，而在这种产品与服务的输出中，分销与零售的渠道起到了非常关键的作用。如何将创意社区链接到有效的销售网络，直接关系到创意产品再生产是否可持续。创意产品根据产品的不同，其消费对象差异也会比较大，例如一些常规的家居饰品、图书出版物等可以通过已有的常规销售渠道到达消费者手中，只需要对已有的常规销售渠道加以利用。而版权使用权转让等就需要特殊的分销渠道，而这种渠道的健全，对于创意社区中创意产业的专业化发展意义重大。比如动画电影卡通形象的发行版权、使用权转让的分销渠道，直接关系到动画产业的价值链延伸是否通畅。创意社区无论是个体或是群体本身都需要重视销售渠道，并在渠道的完善中获得发展。

　　以集群形式出现的深圳大芬油画村，不仅进行全方位的立体宣传，吸引世界各地的客户，而且积极参与广交会、厦门国际油画交易会及各地的文博会、家居装饰类展会，同时组织企业到中东、美国、澳大利亚、俄罗斯考察、参展和举办原创画展。大芬油画村的企业还在北京、上海、南宁等地开设了分销机构，开拓其销售渠道。

　　观众、听众和创意产品的消费者为创意社区创意产品提供了消费动力，推动创意社区生产的持续进行。因此，加大培育社会的创意环境以及大众的创意生活氛围，将直接促进创意消费，推动创意产品的生产和创意服务的展开，进而可以有效推动创意社区获得发展。如何对接创意消费需求，以及如何引导创意消费，是创意社区关于创意产业定位的一个重点。无论创意社区具有如何强有力的创意能力、创意产品生产能力或创意服务的输出能力，离开创意消费的支撑，这种能力终将难以实现其产业化的发展。在创意社区的建设中，一方面需要发展社区的创意生产能力，另一方面需要培育创意市场，只有合其两长才能获得创意社区长久的发展。

　　创意社区是一个复杂的生态系统，只有以上 12 种要素彼此协同发展的基础上，进行模块化创新，创意社区才能呈现其发展的活力。对于创意社区的建构，首先需要完善这 12 种要素，在此基础上创意社区的生态网络系统才有可能被完整建构。在健全这种网络系统基础上，如何活化这些要素，让其具有真正的创造性生命力，将最终促成一个生机勃勃的创意社区的诞生和成长。

第四章
创意社区的场所及活动

　　早在 1913 年鲁迅在《拟播布美术意见书》中表达了对如何发展艺术事业以及如何建设艺术场馆的看法，认为应该设立：①美术馆，"建筑之法，宜广征专家意见，会集图案，择其善者，或即以旧有著名之建筑充之"；②美术展览会；③剧场；④奏乐堂，"当就公园或公地，设立奏乐之处，定日演奏新乐，不更参以旧乐；惟必先以小书说明，俾听者咸能领会"；⑤文艺会，"当招致文人学士，设立集会，审国人所为文艺，择其优者加以奖励，并助之流布。且决定域外著名图籍若干，译为华文，布之国内"①。

　　鲁迅的《拟播布美术意见书》主要针对的是艺术在公众中的传播，艺术场馆作为了一种公共事业。在创意社区中这种功能有所不同，既有面对公众的场所，也有以艺术群体内部创作与交流为主要功能的场馆，并且场所的建设投资方也有所不同。创意社区的场所可分为核心场所和非核心场所，核心场所包括：艺术创意的创作生产空间，比如工作室；展演交流空间，比如剧场、美术馆等；交易流通空间，比如画廊、创意集市、拍卖行等；收藏空间，比如博物馆、会馆等；衍生的信息空间，比如书店、饰品商店等；创意社区的空间同时也包括休闲、交流的社会交际空间，比如咖啡吧、酒吧等。非核心场所包括所有的居住、交通、娱乐等其他生活支持场所。

第一节　场所及其"蜕变"活动

　　创意社区可以通过自然演化和规划配置两种方式形成，自然形成的创意社区的初期场所往往具有以下几个重要特征：廉价；距离适宜；可塑性。阮仪三指出："许多文化创意产业的初创，往往又带有探索、试验、目标不鲜明的情况，从业者多不拥有雄厚的资本，于是大多是利用了城市中废弃的工厂、仓库，只要付出

---

① 鲁迅.拟播布美术意见书[M].鲁迅全集第 8 卷.北京：人民文学出版社，1981:49.

工作室：loft-混合-院落工作室（上）/城市-乡村工作室（中）/老建筑利用-新建工作室（下）

展示场所：老建筑利用-新建画廊及展示中心（上）/老建筑利用-新建美术博物馆（下）

交际信息场所：酒吧咖啡吧-书店-饭店（上）/创意商店（下）

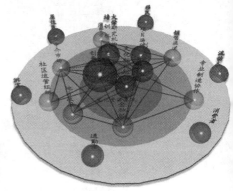

● 艺术社区核心场所的基点

交际及信息场所：混合店-街区-沙龙-创意集市（上）/正式信息发布-混合-非正式信息发布场所（下）

专业制作配套场所

图4-1　创意社区的核心场所

很少的代价就能取得较大的空间和场地。可以适应他们这种可变、可塑的内容和要求"。①

　　已有的大部分艺术区其所依托的场所或是废弃的工厂、仓库、空置的码头，或是城市边缘但不算太偏僻的乡村，其物业、租金价格非常低廉。无论是纽约的苏荷区、德国的鲁尔区、伦敦的泰特美术馆区或是北京的 798 艺术区、宋庄、上海 M50、杭州 LOFT49 等，都可以找到这种特征，在其形成创意集群的初期都是以低廉的房屋租金以及不算太偏僻的地理位置，赢得艺术人群的青睐。

　　在北京宋庄的研究中，孔建华指出："能够租到非常便宜的创作和生活场所，是大多数艺术家尤其是还不能靠作品维持生活的年轻艺术家愿意住下来的原因，也是宋庄艺术家群落之所以能够形成的最基本的原因"。同样的情况也发生在北京798 艺术区。1995 年中央美术学院迁址期间，雕塑系以每天 0.3 元 / 平方米的低廉价格租下 798 厂 3000 多平方米的仓库，作为雕塑车间进行大型创作空间。徐勇于2001 年入驻 798 的时候，"时态空间"的租金是 0.6 元 / 平方米 / 天，直到 2003年 4 月"再造 798"活动之前，798 艺术区的租金价格都维持在相对较低的水平。

　　在上海有着数量众多的创意产业集聚区，其中大部分的艺术人群的聚集都是得益于租金价格低廉，比如上海最大的集聚区——上海 M50 艺术区。陈旭东在《二手摩登：M50/ 莫干山 50 号的城市营造》② 中通过对上海 M50 艺术区中艺术家的调查也证实价格低廉是艺术家集聚的重要原因之一。这种以低廉的价格吸引早期艺术区开拓者，在杭州的 LOFT49 也被印证。2003 年 9 月美国 DI 设计公司杜雨波等入驻这个列入拆迁计划的废弃工厂，至 2005 年前租金每天仅 0.3–0.4 元 /平方米，低廉的租金也是其中非常重要的推动因素。这种情况在全国其他城市的艺术区也比较普遍。

　　"支付得起"或者价格低廉的空间获得途径不一，但这种空间多属于改造类型，比如"台湾建筑 – 设计与艺术展演中心"由原来的台中旧酒厂改造而来（图 4–2）。改造类型的创意场所多是利用闲置或准闲置空间，因此具有其租金低的优势。但无论是被遗弃的厂房或是荒废的仓库，其场所面临使用功能的转型，场所需改造后才能使用，甚至有的场所属于"临时"性的，在城市拆迁之列。旧厂房的开发模式具有一定的随意和再开发特点，适合那些艺术家、文化人、设计师、工艺师和拥有各种才能的自由职业者来进行改造。对于场所的改造被部分学者称为"空间再生产"，是艺术家在创意社区中所生产的重要产品之一。

　　在这种场所的改造中，既有艺术家、设计师自身经济状况的限制，也有其主

① 阮仪三 . 论文化创意产业的城市基础 [J]. 同济大学学报（社会科学版），2005，16（1）:39–40.
② 陈旭东 . 二手摩登：M50/ 莫干山 50 号的城市营造 [M]. 北京：中国电力出版社，2008:72–82.

图 4-2 "台湾建筑 - 设计与艺术展演中心"原台中旧酒厂改造方案
（资料来自林磐耸）

观的原因，进驻的艺术家并不按照艺术博物馆或公共建筑的社会正统审美价值取向进行改造，而是按照自我的"游戏"进行空间的"蜕变"。登琨艳在租下上海苏州河畔的粮食仓库后，将其改造为个人设计工作室，他在《空间的革命》中表露出改造工作室时的心态："因为喜欢这砖木结构仓库，当然得小心保护它，可是不让我玩一下，我这向来自诩为前卫的建筑设计人是不可能甘心的，所以，我做了无数的设计，画了无数的图，当然心里头是以一鸣惊人震撼来看我的人，甚至全城市的人为目标。"[①] 像登琨艳这样的个案并不在少数，在杭州 LOFT49 的调查中，从事建筑设计的艺术家们认为：艺术家进行空间改造有别于他们过去所服务的雇主项目，是一种为"我"的设计。因此在场所的改造中，艺术家多是倾注了自己的创作主张来改造自己面临的场所，在这种改造中，也是尽其所能地呈现其创作主张。

　　艺术家对原有场所的改造，是对空间的一种再生产，对空间价值进行的再造。艺术家进驻创意社区，希望自己来改造所租赁的场所，而不是别人从里到外已经翻修过的。换句话说，在创意社区中可以自由进行空间的改造和实验是创意社区对艺术家产生吸引的又一魅力所在。创意社区的营造初期，是需要遵循这一规律的。作为一个整体性旧厂房来进行开发的艺术区，开发方也应该把握这样一个度，

---

① 登锟艳.空间的革命 [M].上华东师范大学出版社，2006:22.

在空间的修整和景观营造上应当为艺术家们留有一定的发挥余地，而不是将艺术区作为一个大卖场或者是开发者单方面作品。

在这种整体性的改造中，承担整个园区改造任务的建筑师不宜过分设计或过分强调其自己的个性，应当留有足够余地和兼容性，以迎来即将进驻的艺术家们对空间的再次创作，为创意社区的创造性留有"空白"和余地。但目前一些创意产业园区的建设者一开始就进行了很大的资金投入，特别是一些工业旧厂房翻新的园区甚至将所有的建筑和景观环境予以翻新，将创意产业园区当作办公楼的房地产方式来经营，并寄希望于短期内回收资金，造成租金偏高艺术家入住率低，导致园区经营问题严重，最终沦为"创意产业"概念下的房产管理。

第二节　工作室及其活动

艺术的分类根据展演的时空性质不同，可以分为时间艺术、空间艺术和时空艺术。时间艺术主要指的是音乐，有时也将文学作为时间艺术的一种。空间艺术包括：绘画、雕塑、建筑、工艺美术、艺术设计等。时空艺术主要指舞蹈、戏剧、电影等。根据形象符号体系的不同，艺术形态可以分为造型艺术、非造型艺术、造型与非造型综合艺术。造型艺术是诉诸视觉感官，其符号体系是静态性的，给人以视触觉感，主要的形式有：绘画、雕塑、建筑、摄影、艺术设计、工艺美术、民间美术等；非造型艺术，通常诉诸听觉感官，其符号体系是动态的，给人以听触觉感，主要的形式有：音乐、舞蹈；造型与非造型综合艺术是兼具前面二者性质的艺术，主要有戏剧表演艺术、音乐、表演舞蹈、舞剧等。

工作室空间是创意社区中最重要的场所，是艺术家、设计师进行艺术创作和设计实践的场所。以艺术分类为依据，工作室的类型可以分为：视觉艺术工作室、建筑与设计工作室、音乐工作室、表演艺术工作室、文学创作工作室、媒体艺术工作室、跨领域艺术工作室、其他艺术工作室等（见图4-3）。

就其规模大小可以分为大型、中型和小型工作室。大型艺术工作室人数通常在50人以上的工作室，是相对大型艺术工程的创作者及设计师团队的规模，场所面积接近或者超过1000平方米的工作室。大型工作室常常是在其领域内具备较大的影响力，并与相关上下游产业关系联络密切。中型艺术工作室，人数通常在10~50人之间，具有应对较为专业领域的艺术工程项目的创作或设计能力，场所面积在300~1000平方米之间。小型工作室，通常人数在10人以下，面积在300平方米以内。

艺术工作室空间样式类型主要有：Loft样式、院落样式、传统办公楼样式、常规民居SOHO样式。Loft样式和院落样式是最具代表性的两种工作室样式。

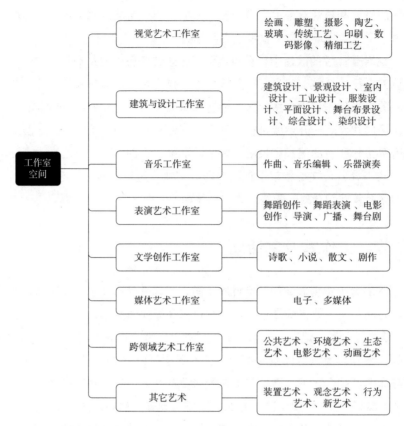

图4-3　工作室空间的功能和活动内容

一、Loft 工作室及其活动

　　Loft 原指"阁楼"，也包括工厂或仓库的上层开敞空间。Loft 工作室主要由废弃的仓库厂房改造成的艺术家工作室，也包括一些旧的学校建筑、商业建筑和办公楼等改造而来的工作室，一般是集工作、展示为一体的大空间。Loft 改造手法灵活多样，空间组合自由，也为设计师进行空间改造提供许多种可能，比如上海 M50（图4-4）。

　　原有的工业建筑往往因工业生产等需要，在空间上普遍具有高大、开敞的空间特征。开敞的空间有利于进驻的艺术家或设计师对空间的改造，特别是对其连贯性的应用，相对摆脱传统固定分隔的限制，空间具有更多的利用可能性，为设计师的改造留有较大的空间余地。（图4-5）大部分由工业厂房改造过来的 Loft 样式工作室更多的是作为艺术家或设计师工作和展示空间，其居住功能有的与之相分离的，也有与之结合的。Loft 通常都会保留大而通透的空间和工业建筑具有历史感的部分，有意暴露厂房原有结构和外观，凸显工业化痕迹。Loft 样式工作室深受设计师们的喜爱，因为其空间的开敞便于设计工作流程的组织和设计师在空间内部面对面进行沟通与交流，同时也方便其设计工作各个阶段性成果的展示与呈现。

在许多新建的艺术区中也常常采用 Loft 样式，将工作室建设为挑高的双层空间，在一个大空间集合了工作空间和生活空间，生活空间相对较小，处于一个角落里，一般上层为卧室，下层为厨房和卫生间。这种类型的小型工作室工作与生活结合在一起，对单身艺术家来说比较具有吸引力。

二、院落工作室及其活动

院落样式的工作室通常是围绕着院落，形成一个或多个工作室，工作室内包含工作和生活空间。这种院落式工作室也包括原有院落开发利用和新建两种类型。比如北京宋庄早期的艺术家不少购置或租住在当地农家院落中，自然形成艺术家院落（图 4-6）。这种类型的艺术工作室更多深受纯艺术类型的艺术家们的喜爱，因为院落式的工作室既有相对私密

图 4-4 上海 M50Loft 工作室室内空间（作者摄）

图 4-5 杭州西岸国际艺术区中正在改造的 Loft 工作室（作者摄）

的创作空间和生活空间，可供艺术家进行独立思考创作，同时也有半开放的院落与其他人进行沟通交流。院落样式的工作室最大的特征是给工作其中的人们一种比较轻松随意的氛围。

图 4-6 北京宋庄院落式工作室内外
（作者摄）

图 4-7 杭州西岸艺术区工作室
（作者摄）

也有为数不少的设计公司采用院落样式的工作室。有利用原有的工厂行政、后勤区域进行改造为院落式工作室的（图 4-7），围绕着院落改造为艺术家工作室。大部分的院落工作室位于乡间，比如北京的宋庄、草场地、索家村、费家村、环铁艺术区、东营艺术区、上苑等各具规模，聚集着来自全国甚至是其他国家的众多的艺术家。

第三节　展演空间及其活动

展演空间通常包括剧场、美术博物馆、创意集市、画廊、工作室建筑的开敞空间和其他会馆等。展演空间在创意社区中占有重要位置，也是外界认识创意社区最直接的窗口。一些创意社区，是因为艺术的展演市场的形成而得以诞生。博物馆具有公共服务性质，在创意社区中发挥着重要作用。国际博物馆协会将博物馆定义为："博物馆是一个不追求营利，为社会和社会发展服务的、公开的永久性机构，对人类和人类环境见证物进行研究、采集、保存、传播和展览。"[1] 博物

---

① 引自：严建强，梁晓艳. 博物馆（MUSEUM）的定义及其理解 [J]. 中国博物馆，2001（1）:20.

馆的种类繁多，有历史、考古、文化名人、美术、体育、自然、科技、军事等。美术馆是博物馆中的一种，作为一种展演场所发挥着重要作用，这种作用甚至是一个创意社区发展的核心基石，比如英国的泰特现代美术馆和莎士比亚环球剧院的陆续开幕，使得原本萧条的伦敦南岸区变成了艺术特区，基于泰特当代美术馆的建设，一个新的创意社区也在其周边形成，各种办公室、小剧院、电影院、画廊、餐厅、咖啡馆、酒吧等也接踵而至不断兴起，除了艺术家以外，许多年轻上班族、工人和学生都喜欢在它附近活动。这座由发电厂改造而来的泰特当代艺术中心，以其巨大的展览空间尺度，深受各类当代艺术家们的喜爱。甚至有专家这样看待泰特的成功，"大多数当代艺术家最喜爱的展示空间，无非就是大而开放的空间，足以让他们的作品尺寸可以拥有毫无限制的想象。而通常在大都会的市中心，要找到这样的展览空间非常困难，因此泰晤士河南岸的计划提供了一个绝佳的机会，让荒废的厂房在旧社区重生。"① 今天在北京宋庄艺术区的上上国际美术馆，也以其巨大的尺度成为宋庄的重要展示活动场所（图 4-8）。艺术家在美术馆中进行作品展示是美术馆存在的最主要的活动（图 4-9~ 图 4-11）。现代艺术家埃尔斯沃斯·凯利（Ellsworth Kelly）在谈到美术馆建筑时，说到："在美术馆建筑中，建筑师必须留给艺术家必要的空间，或者说建筑师负有这样的义务。因此，在美术馆的建筑计划中，建筑师不只是设计建筑物，还必须同时考虑艺术作品才行，特别是现代艺术作品的展览，因为现代艺术所强调的不只是视觉效果，更重要的是作品的体验。如果建筑师过分的设计使建筑物本身成为一个非常具有个性的作品，甚至成为不适合展出作品的场所时，为了配合那样的建筑物，艺术家就得选择适当的展览作品，这会造成非常不具创造性的状况。"②

除了美术馆，各种由艺术家工作室所组成的开敞空间也同样具有重要的展演功用。比如，架上绘画艺术家通过开放工作室给公众，将其工作室作为展示空间，销售自己的作品。艺术应用类型的设计工作室，也常常同样将其部分的工作空间进行开放，比如在杭州 LOFT49 中，各种工作室基本都具有相应的展示功能。此外，艺术家们短时性聚集的创意集市也是以展示为主要内容。

第四节　信息交流、社会交际空间及其活动

在艺术区中，类似于酒吧、咖啡吧、书店、特色小餐馆、饰品店等这类空间是人们信息交流和交际的重要场所，艺术家和设计师们时常通过这些场所来

---

① 刘惠媛 . 博物馆的美学经济 [M]. 北京：生活·读书·新知三联书店，2008:61.
② 刘惠媛 . 博物馆的美学经济 [M]. 北京：生活·读书·新知三联书店，2008:61.

图 4-8　北京宋庄上上美术馆
（作者摄）

图 4-9　左："别处"空间的展示空间；右：画廊展示空间
（张俊岭摄）

图 4-10　北京草场地艺术区画廊
（作者摄）

图 4-11　上海 M50 某艺术展示空间
（作者摄）

获得创意灵感，交流艺术。这类场所是人们进行自由非正式交流、论述、争辩的地方。咖啡吧在艺术区中的重要作用，在已有的研究中已经给予了非常多的关注，比如赫伯特·洛特曼在描绘上世纪初巴黎左岸，艺术家聚集在某一个区域交流创作，几乎成了一个传统："安德烈·布列东和他的超现实主义伙伴开始喜欢上圣日耳曼教堂对面处于屈从地位的双叟咖啡馆。也是在那时，新一代作家和诗人占据了临近的花神咖啡馆。很多顾客都是从几百码以南蒙帕纳斯的传统咖啡馆和艺术家工作室移步而来的，蒙帕纳斯继蒙马特之后成为画家和诗人爱光临的地方。20世纪头十年里有创造力的精英在那里寻找慰藉、庇护和娱乐，像毕加索、阿波里奈尔、马克思·雅各布、莫迪里阿尼、布拉克、弗拉曼克和科克托。"

在这种描述中，20世纪初巴黎双叟、花神等不同的咖啡馆代表的是不同的文化圈，今天各地咖啡吧仍然发挥着这种功能，成为艺术家和各类文人聚集的重要场所，在不同的咖啡吧里，装载着不同的文化主张，集聚着不同类型的艺术家，谈论着不同的话题。通过在咖啡吧中交流，各种"圈"内的集体创意活动也更加惯例化，并在这些场所延续。张纯、王敬甯等关于北京南锣鼓巷中酒吧的研究揭示：酒吧作为地方创意环境的实体，对于创意群体发挥着重要的影响力。在他们研究的结论中提到"酒吧和咖啡店为艺术创意活动提供了可以扎根生长的温床……它把流动的艺术创意者吸引到特定场所中，以此捕捉偶发的创意灵感。"酒吧是艺术家们创意的重要场所，在他们的研究中也指出，"酒吧往往也是艺术家们进行隐秘的地下联络和交易场所，酒吧和咖啡店具有私人俱乐部的性质，经营者扮演着'信息中介'的角色，比如酒吧中其他的人可以在制片商、投资者的谈话中得知招募演员、歌手的信息，并根据自己知道的信息向可能的需要者进行推介"。在杭州的部分酒吧的实地调查中也发现，在那些艺术家、广告创意人经常性聚会的酒吧里，人们因为创意，聚集在一起进行"头脑风暴"或"脑筋激荡"，原本在工作会议专属场所中进行的创意的进程变成了公开的交流和学习的过程，依托于酒吧的非工作的轻松随意氛围，创意交流的模式由点到点的线性转变为多点同时存在的交叉混合的网络创意结构。除了酒吧和咖啡吧具有这种信息与交际功能以外，艺术区中的书店、特色小店也是一种重要的交流场所，人们相约在书吧中，一边喝着咖啡，一边惬意地品读着书籍或思想神游四海。在艺术书店里，人们也交流着各自的创作心得，认识不同的人。在特色小店里，人们也可以找到兴趣相投的圈子，不同的店可能出现不同的定期聚会，比如在不同的书店、餐吧、酒吧、咖啡吧等其他各种小店里往往成为人们聚集活动与交际的场所，比如诗会、英语角、吉他演奏会、即兴舞蹈原创音乐发布以及各种沙龙等（图4-12~图4-16）。

创意企业本身的临近也为这种信息与交际的展开提供了空间。在杭州

图 4-12　北京南锣鼓巷的酒吧与特色小店
（作者摄）

图 4-13　北京草场地艺术区信息发布会
（张俊岭摄）

图 4-14　北京民生美术馆，即兴舞蹈舞之纪（左）；草场地 46 号院（右）
（张俊岭摄）

图 4-15　成都东郊记忆中的书店和咖啡吧
（作者摄）

图4-16　成都东郊记忆中的俱乐部和酒吧
（作者摄）

LOFT49中，IDEA空间设计机构的金坚说到："这里聚集的都是一些搞艺术的，摄影，油画，陶艺，平面广告……大家互相之间都有沟通。门都是互通的，其他人晚上可以串门过来我这里玩电脑或看书，我们也会带客户到其他人的地方。不像在封闭的写字楼里，没有这种沟通的机会，只能通过上网打电话。这里我们像串门一样的，很方便。大家喝喝茶聊聊天，容易有一个新的思路。"在创意企业聚集的创意社区中，增加了艺术家之间的非正式社交机会并扩大了彼此的社会网络。在这个过程中，形成地理经济学家克鲁格曼所谓的"知识外溢"[①]，这有助于创造性的构想以及技能在个人之间传播。知识的外溢加快知识的社区化，由此也提高了整个社区的知识水平和社区的创意环境氛围的形成。

第五节　场所意象与意象衍生经济

一、创意社区的场所意象

　　凯文·林奇（Kevin Lynch）的《城市意象》把城市场所的意象归纳为通道、边缘、地域、节点和地标等五个组成因素。认为这五个不同意象构成了一座城市的风貌特征，形成了城市特有的性质。在创意社区中，艺术场所的性质与其意象是相互强化的。特别是开敞的公共空间与半公共空间，工作室、画廊、展览厅等艺术场所，艺术家或设计师们将其当作艺术作品表现或延展的一部分，使得进入艺术区的人

---

① （美）保罗·克鲁格曼，茅瑞斯·奥伯斯法尔德.国际经济学[M].北京：中国人民大学出版社，1998:232.

们从接近开始即感受到一种强烈的艺术"性质"。比如：在当代艺术聚集的片区中，艺术区入口通道围墙上的涂鸦、工作室大门上的镂空字、建筑屋顶檐口上的雕塑等都成为了场所重要的识别信息，原有的工业设备转化为展览馆建筑的一部分、地标性质的雕塑来代替工作室的识别等，这些关于艺术的意象在各个创意社区中频繁显现。

作为创意社区艺术意象的参与者，每一个工作室和画廊都贡献了其独特的个性，艺术家们广泛地参与其中。同时这种艺术意象弥漫于整个区域中，在不同的通道、边缘、地域、节点和地标上都有所呈现，具有着规模性，最终汇成创意社区中独特的文化景观（图4-17）。创意社区中的场所意象往往夹杂着时间信息，历史的背景信息与目前场所的实际用途的信息聚集在一起，相互叠合，呈现强烈的对比，既有历史信息的呈现，也有原有信息的加工，信息不断地被书写、编辑，酝酿出具有特殊意味的文化景观。特别是改造类型的创意社区场所意象是场所过去建造者的历史信息与当前改造者的信息反复叠加和调和的结果，当然改造它的艺术家们也赋予了它们前所未有的可以被容易获知的意象。

北京798艺术区建筑前面的工业窑炉构筑物传递着场所历史的固有信息，在幕墙玻璃的对比中，呈现的历史信息由"底"的背景凸显到"图"的前景中来，而且在圣诞节前被装饰成了圣诞帽，再一次被赋予了节日的重叠信息。（图4-18）这种复合的信息叠加在创意社区随处可见，赋予创意社区别样的魅力。复合的信息叠加与编辑离不开背景的信息，而这种背景信息往往是建筑与场所中的历史，因为历史背景为创作者提供的是一种可以编辑的信息，迅速启发创作者的创作灵感，并很容易发展成为一种不同时间交织的对比意象，这种信息的叠合是新区建设方式所不能比拟的，我们也可以将其理解为意象的有机生长，这种生长为创意社区注入特有的生命气息。

图4-17　苏州创意街区中的设计师品牌服装店
（作者摄）

图 4-18　圣诞节前的北京 798 艺术区，工业符号的装饰应用
（作者摄）

　　在原有历史信息上进行的叠合，创造出与历史背景迥异的时间意味，在艺术片区的实践中使得场所具有不同寻常的意味，是创意社区特有的现象。比如杭州之江文化创意产业园的改造，即这样的一个实践。杭州之江文化创意产业园原本是建于 20 世纪 80 年代的杭州双流水泥厂，因为整个区域由水泥石头经济向创意产业经济转型，原有的水泥厂被空置，作为发展创意产业用途。水泥生产从原料开采经由配料阶段、煅烧阶段直至成品，其原有的工业厂房也是按照这四个工序来进行布局，其空间形体非常独特。创意产业园区的空间改造将水泥厂原有的生产流程转化为艺术的展示空间流线（图 4-19、图 4-20）。

　　学者宋建明曾阐述其"五维度理论"，强调"境"的重要性，认为设计者应通过"人"、"事"、"物"、"场"来达成"境"，进而形成情境交融，情释化境的循环逻辑结构[1][2]。在他看来，"情境交融"是设计的终极归途；瞻望"境"的归途，"人"、"事"、"物"、"场"只是其来路。毫无疑问，在这一逻辑框架中，情境的知识与方法发挥着关键性的作用，这一心灵归途需要用情境知识实践来进行探索。

二、意象关联衍生经济

　　创意社区场所中的意象为社区的体验经济提供了很好的素材。美国经济学家约瑟夫·派恩（B.Joseph Pine II）和詹姆斯·吉尔摩（James H.Gilmore）提出"体验经济"[3]概念，体验经济最鲜明的特征是通过情境的生产，提供一种让人难以忘怀的体验。提到体验经济成功案例，星巴克总裁霍华德·舒尔茨（Howard Schultz）的经典话语总是被反复引用："星巴克出售的不是咖啡，而是对于咖啡

---

① 宋建明. 当"文创设计"研究型教育遭遇"协同创新"语境 基于"艺术 + 科技 + 经济学科"研与教的思考 [J]. 新美术，2013（11）:10-20.

② 宋建明. 人文关怀与美丽乡村营造 [J]. 新美术，2014（04）:9-19.

③（美）B·约瑟夫·派恩二世. 体验经济 [M]. 北京：机械工业出版社，2008.

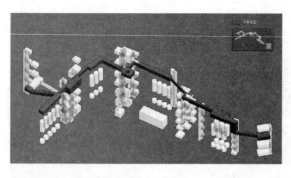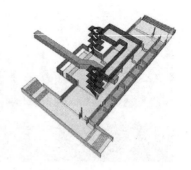

图 4-19　杭州之江文化创意产业园由原双流水泥厂改造而来，图中所示为由原有的生产路径而展开的空间展示
（资料来自：中国美术学院现代设计研究所）

图 4-20　杭州之江文化创意产业园
（作者摄）

的体验"，甚至于联想到咖啡吧的情境体验。当然创意社区中体验经济远不止于咖啡吧一种场景与服务这么简单。周膺、吴晶指出创意经济本身即与体验经济有着内在的联系，他们以美国为例指出"从街头表演，到布鲁克林的音乐创作广场，到切尔西的画廊，到百老汇的剧院，再到麦迪逊大街的广告，创意经济不仅提供了产品或服务，更重要的是还向美国消费者提供了一种人文消费体验。"① 事实上，创意社区中各种艺术意象的营造、作品的展演都构成了创意社区体验的一部分。

　　创意场所本身也成为创意产品的内容之一。由场所内容的开发而来的场所体验经济在今天并不少见，比如纽约的苏荷区由旧仓库改造而来，伦敦的泰特美术馆由一个火力发电厂改造为当代美术馆，德国的鲁尔区由废弃的老矿区发展工业旅游经济。在国内北京 798、宋庄、上海 M50、杭州 LOFT49 也已经成为当地特殊的旅游目的地，带动着旅游体验经济的发展（图 4-21）。体验经济是创意产业发展的一个重要副产品，在这种经济形成过程中，场所的背景故事往往是构成旅游者对创意社区产生兴趣的重要内容，例如北京 798 艺术区过去是前东德援建的

---

① 周膺，吴晶．西溪湿地保护利用模式研究 [M]．北京：当代中国出版社，2008:150.

图 4-21　上海 M50、田子坊、北京 798、宋庄内典型通道空间
（作者摄）

电子厂、上海 M50 是民族工业的纺织厂、杭州 LOFT49 是新中国成立后发展起来的化纤厂，类似的这种改造给游客一种特殊期待，透露出"沧海桑田"的历史文化信息，并向旅游者展示着。因此艺术的体验经济与场所中的历史文化资源的挖掘息息相关，如何将场所中的故事内容呈现出来成为体验经济发展的重要方面。

　　由场所内容创意而来的体验经济，不单单发生在艺术区对工业遗迹的开发利用上，创意社区在乡村的改造上也是发展创意体验经济的一个方向。比如：宋庄当地居民正在谋划将已经成名的当代艺术家曾经工作、生活过的住宅开发为名人故居，向游客收费供游人们参观体验。传统的乡村空间宁静、质朴、稳定，家庭、宗族、日常劳作组织方式与城市生活迥异，乡村生活与动植物、土地打交道多，离自然很近，保持着质朴的天性，经由艺术家的参与往往能将该地介绍给社会大众，成为当地旅游开发的先声。体验经济是创意产业关联发展的产物，必然为创意社区带来一定人流量的增加，其对创意社区的作用是双向的。非艺术人群的人流量增加所带来的喧嚣往往与艺术家们的初衷相违背，其直接的影响是艺术家创作环境的恶化。但体验经济是创意产业关联发展的副产品，对于当地物业所有者和经验者而言却是求之不得的，因此在发展体验经济的同时需要兼顾到两方面的利益。

第五章
创意社区的发展

第一节　创意社区的发展

一、创意社区发展观

20 世纪中叶前的发展观具有明显的物质主义倾向，经济增长论将发展仅局限于经济发展，最终把发展简单地归结为物质产品的积累。1960 年诺贝尔经济学奖获得者西奥多·舒尔茨（Theodore W. Schultz）提出的人力资本理论，对于过去简单强调物质资本的作用进行修正，提出人力资本的发展。1972 年，罗马俱乐部发表的第一个研究报告《增长的极限》，从"增长——资源——环境"的相互关系，指出由于自然资源的有限性，警告人们要从人与自然的关系看待发展。认为真实 GDP= 传统 GDP– 自然部分的虚数 – 人文部分的虚数。[①] 之后，"可持续发展"的观点越来越受到重视。

1987 年埃德加·欧文斯（Edgar Owens）提出"人的发展重于物的发展"。1994 年联合国《人类发展报告》中明确阐述："人类带着潜在的能力来到这个世界上，发展的目标就是创造一个所有的人都能够施展他们的能力的环境，不仅为这一代，而且也能为下一代提供发展的机会"。按照这一新的发展观，对经济发展的最终检验，不是普通的物的指标，而是人的发展的程度。

创意产业集群的研究与实践已表明：创意产业的发展有利于优化和升级区域的产业结构，促进经济从制造型向创意服务型转变，促进文化产品的贸易出口，创造国民财富。创意经济具有渗透到区域经济的各个细节中的特点，因此也带来相关产业的关联发展效应。围绕着创意产业而展开的创意社区，一方面有效吸纳艺术人群投身到艺术事业中来，另一方面，也为社区中的居民提供了形式多样的

---

① 自然部分的虚数主要指：环境污染所造成的质量下降、自然资源退化与资源配比失衡，以及长期退化所造成的损失；自然灾害引起的经济损失；资源的成本。人文部分的虚数则指：疾病和公共卫生导致失业造成的损失；犯罪带来的损失；教育水平低下导致的损失；人口数量失控造成的损失和管理不善引发的损失。

参与渠道，对促进社区就业，消除社区贫困发挥着积极作用。

创意社区坐落于城市边缘地带的郊区，常常能加速城市化的进程，并能实现当地居民资源的有效利用，为所在区域带来新的发展活力，带来郊区边缘地带的振兴，推动城市中心与边缘地区和谐发展。

创意社区是文化产品的生产地、输出地，是艺术人群、艺术资源、艺术活动、创新思想的汇聚地，是推动文化发展的策源地。创意社区以创新的思想改变民众观念，移风易俗，促进民众的美育，对于培植健康的文化生态具有重要意义。特别是在全球化竞争背景下，创意社区的发展是凝聚各地优秀人才，提升区域全球竞争力，塑造和提振社会民众的区域文化认同的有效途径，也是将地域文化传承给下一代的有效途径，维系着社区未来的发展。创意社区是以创新思想和心灵为原料的动力实验室，以低能耗、无污染、高附加值、智力密集的柔性方式生产，并超越了原料和能源的限制，对于环境的水土保持、自然风貌的保护都具有积极意义。

二、创意社区的发展机理

简要的理解创意社区的发展是：通过社区更新改善环境，吸引艺术家，通过艺术家的密集文化活动形成创意生活与创意环境，凭借这种环境来培育创造性文化，获得可持续的创造力来推动创意观念与产品的生成，这种创造力对社区更新形成新的促进，形成循环发展。在这种环境的塑造中，政府、企业、大学、创意个体、居民、移民、游客和消费者广泛参与，人人获益，活化和链接社区各种要素资源，实现社区的共同发展（图5-1）。

第二节　基地的开发与管理

创意社区的发展与社区资源组织、开发、管理密不可分。创意社区的基地开发模式总体可以分为四种类型：其一是自发模式，由艺术家自发形成；其二是政府规划方式推动进行开发，由政府进行营运和管理；其三是政府指导，开发商运营模式，进行合作开发；其四是开发商投资建设及运营。

一、自发模式

这种模式艺术家的集群是自发形成的。艺术家自发形成创意社区的模式总体是较具有生命力，特别是在形成的初期具有很强的发展动力。这种类型有早期的北京798、宋庄、杭州LOFT49、上海的四行创意仓库、193老场坊等。杭州LOFT49由个人或企业自发集聚，没有形成相应的管理体系，完全是属于艺术家自发模式（图5-2）。

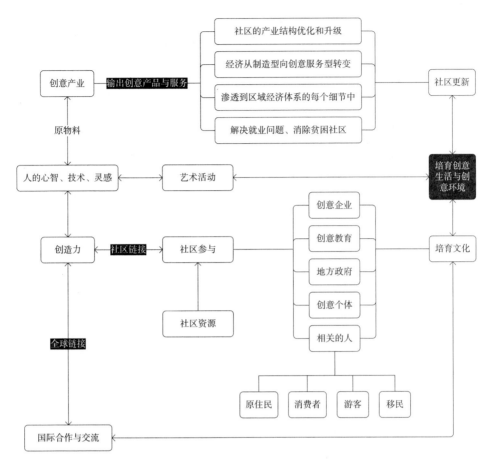

图 5-1 创意社区的发展机理及其内部关系

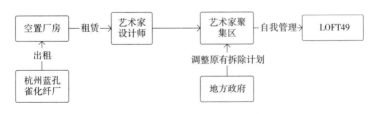

图 5-2 杭州 LOFT49 的自发模式示意

2001 年，杭州蓝孔雀化纤厂面临产业转型，停产并将旧厂房对外出租，低廉的房租和巨大的空间吸引了大批设计师和艺术家入驻，逐渐成为艺术区。原本这些厂房已经被列入拆迁改造之列，由于艺术家们相继聚集，形成了社会各界的关注，并由此改变了拱墅区政府的规划，市、区两级政府在反复论证调研的基础上调整原有的地区改造规划，保留了约 4 万平方米的旧厂房将其作为创意产业发展用途。艺术家与化纤厂以及市场之间都是自由结合。

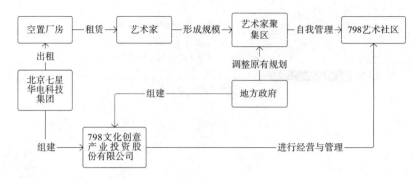

图 5-3　北京 798 艺术区的自发模式示意

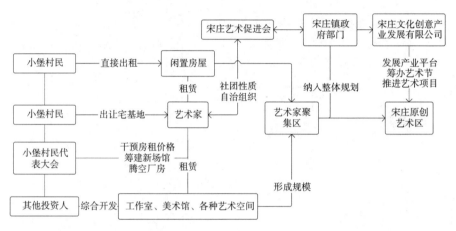

图 5-4　北京宋庄艺术区的自发模式示意

北京 798 艺术区在早期也是一种完全自发模式，其产权所有者七星集团当年为缓解资金压力对外出租空置厂房，其开阔的空间、独特的环境和低廉的租金吸引了大量的艺术家，自发在 798 厂租用场地作为工作室。798 所在的老工业基地原本一直发展电子工业与电子贸易，被北京市规划为电子城科技园并纳入中关村科技园区。

798 艺术区的发展与七星集团的利益和政府的原有规划产生了矛盾，面临被拆除和改造，由于艺术家们的努力使得政府调整了原有的规划，将其列入工业遗产保护，扶持创意产业发展。与杭州 LOFT49 不同的是，在北京 798 近期发展中，除了设立北京 798 艺术区建设管理办公室负责管理外，由北京朝阳区政府和北京七星华电科技集团共同组建了"798 文化创意产业投资股份有限公司"来进行艺术区的整体运作和管理（图 5-3）。

北京宋庄早在 1991 年就有艺术家自发进驻，主要是自发模式。今年来成立有社团性质的"宋庄艺术促进会"，来协调艺术家与当地村民的关系。作为其行政管理部门的宋庄镇政府组建有"宋庄文化创意产业发展有限公司"来发展创意产业平台，筹备举办艺术节，进行艺术项目的落地实施等经营与管理工作。同时小堡村民代表大会也在其中发挥着重要的作用，比如干预物业租金的过快增长导致地对艺术家的排挤，腾空工业厂房和建设新的工作室群出租给艺术家等（图5-4）。

二、政府主导营运模式

这种方式主要是由政府通过规划，引导艺术家进驻，政府的管理部门直接对艺术区进行运营管理。比如北京DRC工业设计创意产业基地、中国（怀柔）影视基地、杭州国家动画产业基地、杭州数字娱乐产业园等。

图5-5 北京DRC工业设计创意产业基地的政府主导运营模式示意

例如北京DRC工业设计创意产业基地由北京市科学技术委员会与西城区人民政府投资共建，北京工业设计促进中心领导（图5-5）。DRC基地是利用原北京邮电电话设备厂旧厂房改造而成。对入驻的企业进行孵化政策支持，设有中小企业创新基金、中国创新设计红星奖、设计创新提升计划、北京市文化创意产业专项资金等政府项目申请等服务。并对入驻的企业的类型进行筛选，根据基地发展规划，主要吸纳工业设计、视觉设计、服装设计、建筑环境设计、动漫设计等设计创意机构入驻。

三、政府指导开发商运营模式

这种模式属于由政府产业定位，开发商市场商业运作的模式。政府在区域产业总体发展战略和规划的指导下，制定区域创意产业发展规划，落实项目的招标。通过公开招标的方式，选择具有实力的投资开发商，由开发商通过项目化、市场化的运作模式，对项目进行规划开发、市场推广以及进行实际运营管理等工作。这种合作模式的集聚区，也常常设有代表政府的管理委员会，但主要是进行政策落实和相关的协调工作，不负责具体的运营和管理。

这种模式开发形成的集聚区往往具有整体性的风格以及相对高效的管理。如上海著名的"8号桥"创意产业园区、杭州西岸国际艺术区即这种类型。这种合作模式通常采用租赁承包的市场化开发模式，政府只提供服务和支持，而不是规划建设的主体，具体的规划与建设工作由开发商来完成（图5-6）。

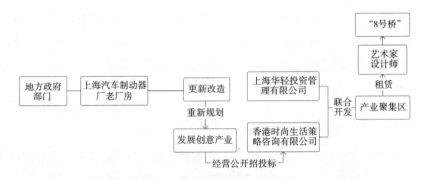

图5-6 上海"8号桥"政府指导开发商运营模式示意
（在参考周政，仇向洋研究基础上进行修改，原图见周政，仇向洋：《国内典型创意产业集
聚区形成机制分析》，《江苏科技信息》2006年第7期。）

　　"8号桥"原是上海汽车制动器厂的闲置老厂房，经过上海市地方政府论证，决策将老厂房改造为创意产业用途。2003年，经上海市经贸委和卢湾区人民政府的批准，通过公开招标，香港时尚生活策划咨询有限公司获得该项目20年承包经营权，并负责具体的开发定位、规划论证、整体包装策划、改建招商和管理工作。2004年4月，开发商委托日本广川设计事务所进行旧厂房改造设计，2005年2月完成招商。

　　杭州西岸国际艺术区坐落于原长征化工厂工业遗址上，在杭州运河综合治理保护委员会指导下，2008年浙江博艺网络文化有限公司投资开发，并吸纳相关创意产业单位进驻。设有博艺现代美术馆、国际城市艺术客厅、设计中心、雕塑展示平台、艺术家工作室等。2008年10月基本完成招商。

四、开发商市场模式

　　开发商市场模式是由开发商按照房产开发方式所进行的园区开发。这种开发方式与房地产开发基本相同，所不同的是开发商意图上希望能吸引艺术家进驻所开发的项目，比如位于江苏昆山的"周庄国际画家村"、位于上海南汇新场镇的所谓大东方画家村"东方冠郡"等。

　　周庄的"国际画家村"缘于已故画家陈逸飞的油画——《故乡的回忆》里所描绘的周庄风景，由此吸引着各地艺术院校的师生来此写生，而"周庄国际画家村"坐落在昆山一房产项目"富贵园"内，由昆山周庄富贵园房地产开发有限公司将购房的业主手里的房产，转租给艺术家，进行运作（图5-7）。

图5-7 周庄国际画家村的开发商市场模式示意

　　周庄国际画家村的模式主要是以当地自然环境对艺术家的吸引，开发商通过从当地私有房屋所有人手中将房屋的租赁予以集中经营，这种相对集中的方式在某种程度上减少了进驻艺术家与房屋所有权人之间可能的纠纷，有利于开发者通过集中经营来进行整体环境的营造，提供一定的公共产品，完善创意社区所需要的基础设施。

五、各种模式优劣比较

　　创意社区具体以何种模式来开发或经营，需要针对具体的项目和环境条件来进行，并不是某一个模式可以适用于所有的项目建设，但总体可做以下归纳：

（一）自发模式发展到扩散阶段，需要相应政策的积极干预

　　虽然艺术家自发模式对于营造社区多样性环境、自然的肌理以及功能的混合利用方面具有难以效仿的优势，并具有自我演化发展的特征，但是自发模式主要通过艺术家与场地所有者自发调节，场所占有权、使用权、收益权、处分权之间的平衡常常是一种短时性的平衡，再进一步的发展容易产生矛盾，这种矛盾如果不能很好地予以克服，必然会成为创意社区自我演化发展的障碍，因此在发展到扩散阶段，需要必要的政府管理干预，来达到创意集群发展的目的。

　　随着创意社区的逐渐成熟，社区的经济区位发生改变，土地的级差地租也随之改变，而隐含在物权中的种种矛盾也将随之显现。比如北京宋庄艺术区，部分艺术家与当地村民之间的物权纠纷旷日持久。有西方学者指出了艺术家在进行社区"空间的再生产"过程中，进行自我毁灭，兰格即表达出这样的观点[1]。艺术家们通过空间的再生产改变了场所的经济价值，然而真正享受到这种成果长期收益的往往不是艺术家，而通常是物权所有人。相反，艺术家却由物业升值的制造者转变成为物业升值的受害者，因为无法承担日益高涨的租金而不得不迁出这个发展起来的区域，任由这种趋势发展，一个创意社区最终也将消失。我们需要看到，物业租金作为一种中间产品，其需求的价格弹性受到最终产品的需求价格弹性的影响，在一个逐渐发展的创意社区中，不仅仅是艺术家与艺术家之间存在着竞争关系，在艺术家群体与其他产业群体之间也存在竞争关系。

　　与艺术产业入侵传统的工业衰退区和部分农村地区获得发展相类似，时尚奢侈品及商业相比艺术更具经济优势，物业所有人的趋利性使得物业所有人往往让出价更高的商业类别来承租自己的物业，形成对艺术家的挤兑。随着租金

---

[1] Bastian Lange. Berlin's Creative Industries: Governing Creativity? [J]. Industry and Innovation, 2008, 15（5）:537.

的提高，工作室或画廊经营总成本中租金所占比例也将高于时尚奢侈品商业，最终难以为继，按照这种发展逻辑难以避免的结果是最终时尚消费与商业金融替代艺术，成为物业使用者，创意社区终将名存实亡，目前这种时尚消费品商业入侵艺术区现象在北京 798 已经比较严重，导致 798 艺术区像一个由很多展位组成的时尚商业的大卖场。因此从支持和孵化创意产业化发展的战略角度来看，由于艺术家自发模式在经济竞争中存在先天性不足，所以需要一定的产业政策来干预。

（二）自发模式需要相应的产业发展规划形成公共服务平台，来推动其集群化升级

创意社区自发模式也常伴随有进驻企业产品附加值较低、布局松散等问题，自发的企业松散布局往往缺乏清晰的功能定位。以 LOFT49 为例，进驻的企业除设计企业外，其他企业数量不少，企业涉及的门类广泛，但企业间关联度并不高，衍生产品开发滞后，所形成的产业链条短，使得产品附加值不能有效再开发，难以形成集群经济和明显的积聚效应。

创意企业发展离不开公共服务平台的配套，但因为艺术创意产业具有较高的市场风险性，自发模式难以集结足够力量提供功能完善的公共服务平台。从多年的实践情况看，LOFT49 所依托的创意产业公共服务平台滞后，基本上不能为进驻企业提供相应的公共技术、人才培训和成果推广等服务，配套设施出现当前的滞后，这也导致园区进驻企业更不敢进行投入的不利局面。破解这种局面，需要采取一定的措施，比如将物业管理权、区内规划权，从原产权单位或个体中出让、剥离出来，让有艺术产业管理背景的文化机构进行统一规划和统一管理。

（三）政府主导运营模式需要提升进驻企业的竞争活力

政府主导运营模式主要是借鉴了过去科技产业园区以及孵化器的成功经验，通常有政府的相关产业扶持政策配套，在基础设施配套方面往往具有较好的条件，具有比较良好的支撑平台。特别是对于创意产业链的组织在规划之初即有一定的针对性和前瞻的控制性，产业规划非常明确，比如这种方式主导的园区非常明确地定位为动漫创意产业、工业设计等，具有明确的配套、原创、生产与营销环节的规划。以 DRC 工业设计创意产业基地为例，在建园之初即与设计产业的上下游设备供应商、服务商以及相关院校合作，形成了以快速成型技术和工艺为核心的整合服务链，涵盖逆向工程、快速成型和快速模具制造等技术领域，为设计产业链的配套和延展服务提供比较好的支撑。

更为重要的是政府主导模式往往与城市的发展战略目标和布局相一致，因而在社会资源的整合方面具有其优势。但在实践中这种模式下形成的创意集群通常缺乏自发模式那样的生机与活力，为数不少的进驻企业一段时期后仍然缺乏市场竞争力。政府需要制定规则，一方面给通过审核的艺术家、设计师给予孵化资助；另一方面引进竞争机制，完善退出机制，让滥竽充数者出局。政府作为运营者应当帮助创意向产业化方面发展，以加强这种模式的活力，而不是仅仅局限于生产本身的配套建设，相应地应该完善市场配套建设，引导园区尽快完善产业链，让设计师安心创作，生意人专心市场。

（四）政府指导下的开发商运营模式需要重视孵化器的建立

政府指导下的开发商运营模式与纯粹的政府主导模式提供服务相比，具有更强的贴近市场的特征，总体而言这种模式比较适用于面向相对成熟的创意企业进驻的园区开发项目，但通常不具备孵化功能。运营者与政府一般有一个为期不短的租约，运营者对于园区的规划与建设方面主要按照租约的长短来平衡长期与近期利益，用市场的需求来进行布局。但这种模式需要克服在运营过程中创意园区过于商业地方化的倾向。

创意产业发展是一个系统工程，需要全盘考虑，传统招标挂牌"价高者得"的方式所进行的创意产业园区的招商引资，对创意产业的长远发展有不少问题需要努力克服。特别是目前我国创意产业发展处于基础薄弱阶段，许多创业者仍然还处于孵化期，政府在指导的过程中，需要制定规则制约开发商过于商业的逐利意识，避免出现园区单一的地产化倾向，以维护创意产业发展的多样化目标。在项目的招标中，除了在园区房产收益外，政府还有必要全面考虑到对于一个有待成熟的产业，如何来夯实基础。

（五）在现有发展阶段和条件下，开发商的市场模式不宜作为发展创意产业的主要开发形式，可作为一种补充

开发商的市场模式是一种纯粹的商业运作模式，开发商以自己的市场定位确定园区的规划与建设，然后总体上按照商业复合地产的运营模式来经营项目。其发展的重点通常在于房地产项目本身，发展艺术创意产业只是一个权宜手段，对于产业的规划常常采取一种短时性的逻辑，因此难以提供创意产业所需要的配套平台，且往往缺乏文化艺术氛围。

这种类型的开发常常利用"创意社区"这样一个概念，宣传居住的郊区化，将西方的居住郊区化和艺术家村落的居住方式结合起来推广商业楼盘。虽然纯商业开发模式在发展创意产业方面往往缺乏长远的产业打算，然而纯商业开发

模式仍然有其自身的一些优势，比如其经营手段更具多样性，比如出售、出租物业，设备租赁，展馆经营，加盟经营，甚至进行艺术家及其艺术品的风险投资等。

具体采用哪种模式来发展创意社区，需要结合具体的产业发展策略与规划以及区域来定位，并且也可以结合发展的具体阶段进行模式规划调整。

第三节　基于乡村的创意社区

从艺术创作角度，艺术家个体进驻到乡村进行创作，不仅历史悠久而且分布广泛。作为艺术个体进驻乡村，往往受恬淡优美而安静的乡村自然环境吸引，利于其进行艺术创作。在杭州，这种解释可以从中国美术学院部分教师的访谈中得以证实，早在20世纪90年代一批美院的教师就已经在杭州市区周边风景优美的龙坞、良渚租住农居，作为自己的工作室，进行艺术创作，在山水的自然环境中汲取创意灵感。

在北京，杨卫撰文《回到村里》，剖析艺术家回归乡村时写道："艺术是一种灵魂创造性的工作，需要去伪存真；而乡村更能带给人自然的启迪，民风淳朴、土地的粗犷，都是艺术创作的灵感，是人性获得温暖与力量的磁场。"[①] 乡村的环境对于艺术家创作具有启迪意义。赖声川在其《创意学》中，提出"有机创意"，在他看来区别于城市的自然环境有助于创意的有机形成。

从艺术产业化角度，国外的不少学者将创意产业归为都市产业，认为创意产业需要依托于大都市，比如斯科特明确认为，创意产业与生俱来的具有都市集聚化趋势。从创意产业的整体性上来考察，创意产业的发展与区域经济、文化水平是息息相关的，创意产业无法脱离其经济背景和都市的消费市场特征。本人也认同这种观点，创意产业集聚区的形成需要依托都市的市场网络背景和消费型文化环境，大城市能有效建立全球城市网络和国际市场渠道，因此那些包含有艺术产业化发展目标的创意社区都不能远离都市，但我们也需要看到：不能远离都市并不意味着仅仅只有圈定在都市城区范围内，也并不意味着可以把都市的城乡接合部或远郊排除在外。

相反这类区域，虽然其基地特征和人口背景与都市特征相差很远，是典型的乡村特征，但其仍然处于都市经济、文化辐射中，利用都市的市场网络也并没有太大的障碍。在我国北京通州的宋庄小堡村、深圳布吉镇的大芬村即属于这样一

① 杨卫. 回到村里 [A]// 中国当代艺术生态. 天津：天津大学出版社，2008:54.

种区位，既属于乡村但与都市距离并不遥远，艺术经济在这些城乡接合部的农村获得产业化发展，这种乡村发展具有很强的中国特色。

一、乡村创意社区个案的成因分析

艺术经济在乡村的发展，形成规模并具有影响力的主要有北京宋庄和上苑、江苏周庄、深圳大芬村等，其中北京宋庄和深圳大芬村具有产业化发展特征。宋庄距离北京中心城区数十公里，今天已经成为世界上最大的艺术家聚集地，艺术家们在这里创造着中国当代前卫艺术。宋庄艺术家群落始于 1991 年，目前在宋庄生活的艺术家已从最初的十几人发展到近 3000 人。在艺术创作上，以原创艺术为主，画家的作品主要是通过策展、画廊进入一级市场，并通过拍卖方式在二级市场流通。在宋庄，文化创意产业还带动了当地的餐饮和旅游的发展。现在，宋庄艺术家由过去单纯的架上画家、艺术评论家开始延伸到雕塑家、摄影家、行为艺术家、观念艺术家、独立制片人、音乐人和自由作家等众多艺术门类。

乡村作为一种特殊的区位，形成创意社区一直备受讨论，宋庄为什么聚集艺术家的议题总体可以归纳原因如下：（1）北京作为中国政治文化中心，宋庄与北京政治中心距离若即若离，为其当代艺术自由发展提供了更多可能；（2）圆明园艺术家群体被遣散，向宋庄寻求依托也是促使其形成的重要因素；（3）乡村生活的独特性对艺术家产生吸引发挥着重要作用；（4）有评论人士认为是一种"心灵共同体"的精神认同吸引艺术家在宋庄聚集起来；（5）也有分析人士认为艺术家在宋庄聚集完全是一种偶然。

乡村对于艺术家们的吸引既有艺术家迫于客观经济条件被动选择的成份，也有乡村生活方式和创作环境本身吸引艺术家主动选择的成份。从被动性因素和事实上来考察，艺术家进驻乡村，并不完全是以融入乡村生活作为其目的。与 19 世纪 30~60 年代法国巴比松画家聚落以枫丹白露森林为创作对象不同，生活在宋庄的艺术家其作品所表现的内容涉及当地风土人情并不多。另一方面艺术家极少与当地村民往来，艺术家与当地居民之间的关系如同于长江比喻的"阴阳两界"："即使在物理上近在咫尺，但几乎没有多少社会联系或心理共鸣，艺术与非艺术人尽管共处同一现实场景，但实际上是生活在全然不同的人文空间。"[①]

从对宋庄和上苑的部分相对成功的艺术家工作室考察情况来看，艺术家们对其创作与生活环境努力进行改造，既希望拥有乡村感觉和自然背景，同时也努力营造城市现代生活的便利性。通过对宋庄当地艺术家的交流访谈以及实地考察总

---

① 于长江.宋庄：全球化背景下的艺术群落[J].艺术评论，2006（11）:26-29.

结，促使艺术家集聚的因素还有：（1）在宋庄已经聚集了数千艺术家，形成了氛围，艺术家常感觉到身边有很多类似的人；（2）依托于北京的国际化背景，大量国内外画廊和艺术机构聚集在宋庄，为艺术家聚居提供了很好的市场背景和经济来源；（3）寸土寸金的密集北京城区难以满足艺术家对大尺度创作空间的要求，在宋庄却能得以实现，艺术家既可以用很低标准维持生活，又能进行艺术创作；（4）追求精神上的自由和独立人格也是其中的一个重要原因，部分艺术家辞去原有的体制内的工作，与朋友集结成群来到宋庄，从事艺术创作。（5）在宋庄成名的艺术家成为榜样的示范，也是吸引部分艺术家前来的因素之一。

大芬村位于深圳布吉镇，占地面积 0.4 平方公里，本村原住居民 300 多人，外来流动人口 1 万多人。1989 年，香港画商黄江带来行画业务，随着越来越多的画家、画工进驻大芬村，大芬村成为了世界三大油画生产基地之一，大芬油画村 80% 的油画产品出口，大芬油画的市场遍及全球，其国外市场以欧洲、北美、中东、非洲、澳大利亚为主。大芬油画村共有以油画为主的各类经营门店约 776 家，居住在大芬村内的画家、画工 5000 多人。大芬油画村以原创油画及复制艺术品加工为主，附带有国画、书法、工艺、雕刻及画框、颜料等配套产业的经营，形成了以大芬村为中心，辐射闽、粤、湘、赣及港澳的油画产业圈。

究其集聚的成因，最早香港画商黄江选择在大芬村的一个重要的原因，是因为当时的大芬村相对比较偏僻，周边没什么商业环境，画工能安下心来认真画画。通过资料整理分析，归纳其集聚的原因为：（1）毗邻国际大都会香港，有利于借助香港国际化的广泛市场网络，产品方便出口并有利于从香港而来的客户往来看货；（2）改革开放以来来自全国各地的民工纷纷涌向深圳，其中包括具有一定绘画功底的年轻人，使得当地劳动力资源充沛，劳动力价格低廉；（3）从大芬村有行画以来，一直以行画培训模式招收学徒，这种方式促进了当地劳动力的技能和职业化水平；（4）早期当地客家人村落经济落后，房租非常低廉；（5）广交会、文博会等大型展会、电子商务网络以及 700 多家门店组成多层次的交易网络；（6）形成了配套画框的生产、油画原料、画框木材的供应到成品物流的配套产业链；（7）流水线式的集体作业模式比其他任何地方都成熟，提高了生产效率；（8）早期部分画工变为老板对后来者形成广泛的示范作用，也促使着许多外来者加入当地行画产业的淘金者行列中。

二、个体自发、集体参与的发展模式与政府干预的发展模式

早在 20 世纪 20 年代，梁漱溟等一批学者深入乡村进行"乡村改造运动"，阐扬"乡学"传统，倡导"孔家生活"，试图将知识分子融入乡村，带动乡村，使农民获得圣人的道德和人心，进而实现农村人际关系的协调，并引发一系列的

科技带动农业，乡村向"新村"的转变。20 世纪 30 年代，费孝通实地调查和考察总结中国农村经济发展的各种模式，通过对"乡村社会"的系统研究，写下了《乡土中国》，其中也包括关于"文字下乡"的思辨，他们的实践和理论探索为认识乡村问题开启了一个视角。

对乡村的发展探索结合起艺术创意产业，虽然只是新乡村建设发展的特殊个案，但这种模式的研究探索对于当下中国创意产业的发展却非常具有现实意义。与发达国家发展创意产业的成功经验及其依据都市背景相比，我国无论是城市化水平、城市化进程阶段、产业化转型背景方面都有很大差别。已有的宋庄和大芬村所展示出来的勃勃生机却揭示，创意产业在我国城市远郊乡村发展是我国发展创意产业的另一条途径。如何将艺术创意产业、艺术家的发展与原有乡村目标、原住民的发展协调起来，是乡村创意社区建设的重要内容。通过实地考察和相关资料收集分析整理发现，在已有的宋庄小堡村模式中，主要是艺术家自发形成聚落，由艺术聚落促使画廊的聚集推动艺术产业化发展，当地村民以物业租赁以及艺术产业的配套经营获得利益，近期政府通过政策和加大基础设施建设力度，推动艺术产业化发展。就其基地的发展主要有五种结合形式：第一种是艺术家通过在小堡村购置农民闲置的宅基地使用权，将其改建为自己使用的艺术工作室，进行生活、居住。第二种为艺术家同村民签订租赁合同或口头约定，将农居作为自己的工作室进行创作与生活，这种情况包括艺术家租住村民一处单独的农居，也包括艺术家租住村民住宅中的一到两间房间，与村民共用一个院落，这种形式是 2006 年前的主要形式。第三种情况是村民或村干部自己租赁集体土地，盖建工作室或美术馆、画廊，租赁给艺术家、画商等使用，收取物业租金，并进行物业经营。第四种情况是第三方开发者向村委会租赁土地，盖建工作室或美术馆、画廊，租赁给艺术家、画商等使用，收取物业租金，并进行物业经营。第五种情况是小堡村集体通过腾空原有集体所有工业厂房或在原工业性质用地基础上改造或修建艺术家工作室、美术馆、画廊等，将这些工作室统一租给艺术家。

第一种形式，是村民与艺术家直接进行使用权交易，出让方根据市场行情，大多随行入市进行价格调整。这种形式存在很大的法律和诚信风险，画家李玉兰案即这样一个例子，我国法律规定对农民集体土地上建设的房屋只能由当地农民自己居住，任何形式的买卖都不受法律保护。

第二种形式，是个体艺术家直接向个体村民租用闲置的房产，村民根据房产市场的供需关系相应调整其租金价格。在艺术品市场发展较快的时期，大量的艺术家希望租用有限的闲置物业，房产的需求与供应失衡，其针对艺术家的房产租赁价格也随之上涨。而在 2008 年下半年经济危机以后，部分艺术家在经济危机背景和工作室租金日益高涨的双重压力下，纷纷撤离，对于艺术创意经济的长远发展带来不利。村民的个体租赁形式，通常以利益最大化为目标，缺乏产业的战略发展考虑，即便是与艺术家有长期的租赁协议，部分村民常常以种种理由提高租金，挤兑原有租住的艺术家，以更高的租金租赁给新进驻的艺术家。这种村民的个体行为也为创意社区的发展带来很大的负面影响，提高了艺术家的创业和生活成本。

第三种形式，是具有一定经济基础的村民或村干部在自己闲置物业以外，通过承包集体土地或土地上的物业的方式进行艺术空间开发。这种新开发的艺术工作室、画材店、画廊或小饭店等往往更具有市场的针对性，是村民主动通过物业开发进行租赁而获利。第四种形式与第三种形式基本相似，所不同的是进行承包租赁的往往是具有较强经济实力的艺术家兼开发商。

第五种形式，是村委会通过组织村内资源进行产业开发的方式。村委会整合资源进行整体开发，对于区域内艺术创意经济的长远发展比村民自发的模式更具优势。由村委会所提供的配套设施基础，为艺术创意经济的发展提供了一个积极的平台。在管理上，村委会通过艺术家的社团组织艺术促进会与艺术家进行沟通，解决双方的矛盾纠纷问题。

宋庄小堡村的艺术基地开发模式主要是村民、艺术家的自发治理模式加上村委会的集体参与，其中村委会、村民、艺术家、画商以及其他投资者受前期发展获利的鼓舞下，形成合力，推动创意社区的建设和基础设施的升级。回溯到十年前，孔建华在其研究资料《北京宋庄原创艺术集聚区发展再研究》中指出："截至 2007 年底，小堡村域有宋庄美术馆和静园美术馆等 13 家美术馆，小堡文化馆、宋庄艺会馆等艺术交流中心 5 个。其中，美术馆总面积 47000 多平方米，投资 8300 多万元。13 个美术馆中，从投资主体看，村委会兴建 4 个，投资 3000 万元，占总投资额的 36.12%；村民兴建 2 个，投资 660 万元，占总投资额的 7.95%；吸引村外投资 4646 万元，占 55.94%；从经营主体看，小堡村村干部负责经营 3 个，村民经营 2 个，艺术家经营 6 个。职业经理人经营 2 个，美术馆经营以艺术家为主。"[①] 与艺术工作室相比，美术馆的投资属于配置型的投入，具有公共产品的属性，如果完全以村民和艺术家的个体分散力量是难以形成现在的规模，而集体参与小堡村的投资建设，在专业服务平台上就会有一个很大的提升。比如以"上上国际美术馆"为例，新馆面积 2 万平方米，是目前国内最大的私立非营利美术馆，造价近 5000 万元，其投资完全来自国内多位有成就的艺术家和民营企业家。再以

---

① 孔建华 . 北京宋庄原创艺术集聚区发展再研究 [J]. 北京社会科学，2008（2）:21-26.

宋庄美术馆的经营为例，主要是向艺术家筹款，艺术家们根据经济情况，捐款多少完全自愿。

个体自发为创意社区的发展带来活力，集体参与和政府干预为社区内产业升级带来新的契机。因此，在新乡村创意社区的建设中，要让村民获得利益，激发村民发展艺术产业的自主性和积极性；另一方面，村民也应该成立相应的代表集体的管理组织，引导村民集体参与乡村建设事业，并对村庄内的资源进行产业战略发展规划。在条件允许的情况下，可以建立起集体经济运营实体，积极引导村民对闲置物业集中开发利用，进行物业、资金和人力多方位的艺术产业加盟，实现社区资源的综合开发利用。

三、衍生的社区产业

创意产业的发展对于相关产业具有关联的推动作用。在乡村社区发展艺术产业的同时，也可以进行相关衍生产业的开发同社区经济相对接，以拓展村民的收入渠道，促进村民的经济收入。

首先，村民可以发展创意产业配套的物业租赁，为进驻的艺术家提供空间租赁。并可进行相关画材、书籍资料、设计仪器设备、图文打印等配套服务的开发，拓展多种形式的收入渠道。村民可以对外来流动人口的增加善加利用，发展饮食服务、邮政、娱乐、书店等服务行业。

其次，乡村创意社区可以发展专业性展览服务业。仍然以小堡村为例，村域范围内就有宋庄美术馆和静园美术馆等13家美术馆，总面积4.7万多平方米。其为艺术区中的艺术家提供各种方式的展览服务，集聚人气。而在杭州滨江白马湖即将建设起"中国国际动漫节"展览的永久性场馆，它将为乡村创意社区带来高规格的世界性展览业务，这将直接推动当地艺术创意经济和当地的服务经济的发展，村民可以参与到展览服务的配套中来，并在其衍生的相关配套中拓展收入来源。

再次，在乡村创意社区可以发展特色服务业，比如：观光度假、运动健身、休闲娱乐、餐饮住宿等。乡村社区可以利用自己的自然环境优势，挖掘已有的自然风景和历史人文景观，以艺术创意产业的传播效应带动观光度假旅游，利用发展起来的人气，开发户外拓展、乡村垂钓等乡村休闲产业。结合当地的农作物特色和自然条件，村民可以开发农家乐、农庄等休闲娱乐项目，同时也可以带动当地的餐饮与宾馆住宿业的发展。

最后，结合环境景观的改造，可以开发生态农业，发展体验经济。一方面可以进行生态农业培育，艺术苗圃的开发，推动观光旅游经济和休闲娱乐经济的发展。生态旅游以认识、欣赏、保护自然，不破坏其生态平衡为基础，具有观光、度假、休闲、科学考察、探险和科普教育等多重功能，旅游者置身于自然的情景中，可以陶冶性情、净化心灵，结合当地自然生态，可以融生态观光、文化创意体验和康体度假于一体。另一方面，也可以挖掘村中传统民间手工艺及新兴手工艺产品，使得传统民俗和传统工艺能够得到开发利用。

创意社区可以在主导产业的发展壮大过程中逐步培育各种衍生产业，能对主导产业提供功能上的补充，形成一种相互强化的作用。衍生的相关产业对于新乡村文化、新乡村生活、新乡村产业将起到重要的丰富作用。在此基础上将更大程度上实现资源优化，减少资源浪费，更好地完成整个区域的功能运作，有助于社区文化的形成，提升社区生活品质，对新乡村文化和新乡村生活管理模式提供物质性的支撑。

四、艺术的美育与教化

"美育"通常称为审美教育，或者艺术教育，是通过艺术的审美净化和升华人的情感，并与德育、智育、体育结合起来培养和促进人的全面发展。两千多年前，孔子就认为社会是"兴于诗，立于礼，成于乐。"人可以通过艺术改造性情；康有为提出美育可以"辅翼道德，涵养性情"，认为美育能陶冶民众情操；王国维认为："教育之事亦分为三部：智育、德育、美育是也"[1]，美育是人获得完善的重要方面；之后，蔡元培提出"以文学美术之涵养，代旧教之祈祷"[2]，主张美育应该成为国民教育的重要内容之一。创意社区在乡村的发展有利于当地村民改变陋习，通过写字画画去除赌博等陋习。艺术对于民众将发挥良好的美育与教化功能，对于乡民移风易俗、追求进步发挥着积极作用。

心理学的研究表明，艺术的美育有助于发展个性，完善人格。人的情感、思维、理解等心理能力的成熟，都有赖于其所处的社会环境的教化。艺术的教化是发展个性，完善人格的有效手段，艺术家进驻乡村社区，形成艺术家聚集区，在一种崇尚人格独立、精神自由的艺术家氛围里，有助于当地民众改变封闭的观念，获得启发。

今天艺术家落地的各地乡村社区，通过艺术展示和艺术活动在潜移默化地进行着其艺术影响，部分直接以乡村场地作为美育基地的实践。比如1995年中央美术学院青年教师王华祥在北京兴寿镇下苑村买下一处废弃的原乡村小学，他将这十余间破旧的教室开发为"上苑飞地艺术坊"，进行创作、进修和艺术教学之用。上苑艺术家聚落的艺术家魏野曾举办过"乡村版画班"，接收了20余个村民的孩

---

① 王国维.王国维文集（第三卷）[M].北京：中国文史出版社，1997:57.
② 蔡元培.蔡元培全集（第二卷）[M].杭州：浙江教育出版社，1997:339.

子学习版画，并为他们举办了"下苑村儿童版画展"，出版了《下苑村燕子们的画》版画集。这些处于乡村中的艺术教育，无论其具体面向的对象，都对村民直接或间接地进行了美育和教化。

艺术家落户的昆山周庄画家村，当地居民憧憬着自己的下一代，能成为画家，孩子们观看艺术家创作成为当地的一道风景，进驻的艺术家也教当地的孩子一些绘画，直接或间接使得孩子们受到艺术的熏陶和启发。艺术的教化是促使民众建立起对社区的心理联系的重要途径，比如陈逸飞关于周庄风景的创作《故乡的回忆》，给当地人开辟了另一个关于自己居住地的艺术视角，油然生出对家乡的自豪。这种对乡土归属感的建立，其意义非常深远，如同约瑟夫·多尔蒂（Joseph E. Doherty）在《用于全球冒险的文化资本》一文中从艺术对于文化认同和社区关系的角度写到的："面对拥有不同历史、传统和习俗的文化多样性，要培育下一代的自觉意识和鉴赏力，艺术起着关键的作用。精神唯有通过社会感知的本土微观层面方可协调各种文化。要是人的社会感知是健康的，要是人们在当地社区内就能过找到生活的途径，那么后者（当地社区）就能够成为年轻一代的信任、好奇心、判断力和灵感之源"[1]。鲁迅认为艺术除了可以"表见文化""辅翼道德"之外，还可以"救援经济"、"以发美术之真谛，起国人之美感"[2]，通过美的感知启发，让国民能辨别美丑，增强国民素养。艺术经济在乡村社区中最直接的作用是通过艺术产业的发展获得社区环境的改善，促成社会良好风气的形成，村民能够在社区中获得更多的生活途径，以在社区中就业直接感受到艺术对生活的改变。

第四节 外来人口与原住民和谐发展

1962 年，甘斯在《都市村民》中将外来人口归纳为五大类：（1）"四海为家者"，包括艺术家、知识分子、作家、大学教授、社会活动家等，这类人通常选择那些文化精神生活富裕和物质充裕的地方生活居住；（2）"单身者或无子女家庭"，比如大学生或已结婚但未育子女者，一般选择靠近工作地点和方便娱乐的地方居住；（3）"都市村民"，通常是移民居住在种族居住区，他们与外界交往不多；（4）"受剥夺者"，比如醉汉、妓女、精神失常者、家庭不健全者等；（5）"地位低下者"，包括那些底层贫民、失业者、流浪汉等。

① （美）约瑟夫·多尔蒂.用于全球冒险的文化资本 [A]// 薛晓源，曹荣湘主编.全球化与文化资本.北京：社会科学文献出版社，2005:133.
② 鲁迅.拟播布美术意见书 [A]// 鲁迅全集（第八卷）.北京：人民文学出版社，1981:49.

甘斯的五类外来人口在创意社区中都有存在，第一类是构成创意社区创意产业的主要人群，也就是佛罗里达所谓的创意阶层。艺术家聚集区中外来人口占据较高比例。孔建华的研究表明在 2006 年北京宋庄艺术家中，67.74% 来自于外省或外国[①]。2008 年，深圳大芬村，本村原住居民 300 多人，外来流动人口达 1 万多人。在杭州艺术人群聚集的区域中，同样很高比例的艺术家来自外地，比如在杭州转塘社区的研究调查中发现，美院的生源来自全国各地，毕业后近三成的外地生源选择在杭州就业或滞留在杭州，汇入到流动的新杭州人中，其中为数不少的未就业者仍然滞留在美院周边。在杭州转塘的美院象山校区周边人口来源的调查中显示：人口（非学生人口）中有 21.5% 属于临时外来人口，在艺术区的未来发展中，外来人口的比例还将会有进一步增加的趋势。在中国美术学院象山校区的外来居住人口调查中，这类人群主要有：大学教师、美院学生、留学生、外来务工者、外来经商者、周边新开发商品房的新移民等。随着未来人口的聚集，创意社区外来人口的数量将会进一步增加，他们的生活、居住与社区归属感问题都将凸显出来。

外来人口具有复杂的多样性和特殊性，其中也包括艺术家、同性恋者等波希米亚人群，部分学者指出他们是一个区域活力和创造性的主要来源，甚至在一些关于城市"创意指数"上，波希米亚人口比例的指数赫然在列。外来人口居留在社区中具有流动性、特殊性、年轻性和短时性特征，因此对居住和生活空间、休闲娱乐、文化需求方面都会有所差异，应当受到社区规划者的特别关注。在创意社区的建设中，应该考虑发展一定的短时性居住生活空间或者通过当地各类物业资源发展短时性居住体系，以满足各类经济层次、教育层次、文化品位的创意阶层往来社区。同时应当结合社区公建配套指标和外来艺术家、设计师们的实际生活需要，在就餐、农贸市场、美容美发、幼托、生活物资租赁、废品回收、交通工具租赁、生活保洁、家政服务、交友服务等方面综合规划，并健全创意社区的劳动力市场、房屋中介租赁市场、二手物资等市场，以应对数量众多的外来人口的就业、居住和生活等需要问题，为这些临时性居民提供社区生活的各项服务和配套。

对于甘斯所归纳的后两类人群，在社区的规划上也应该将其纳入社区成员和服务对象，为他们提供服务式管理和参与式管理，引导他们参与社区事务，并帮助他们解决生活中所遇到的问题。针对外来务工的底层贫民，也应当向他们开放社区的学习培训、文化娱乐和咨询服务等，以促使他们获得更多的劳动和工作技能，改变他们的生活处境。在创意社区需要建立起必要的社会救助机制，以备不

---

① 其中，外省艺术家占 66.13%；国外艺术家占 1.61%。见孔建华.北京宋庄原创艺术集聚区发展再研究[J].北京社会科学，2008（2）:21.

时之需，为人们提供帮助。在艺术区的规划中需要前瞻性地看待外来人口的可能涌入量，在社区建设和配套服务的指标方面给予综合平衡，使外来人口在为社区贡献其智慧和劳动的同时，也能与原住民一道共同享受相应的服务和权益。在创意社区中，需要将外来人口纳入社区的信息管理，同时也向其提供信息咨询服务，为其在新的社区生活中建立起属于他们自己的社会网络提供条件。对于流浪汉应给予妥善遣送或安置，以利于维护社会安定，形成安全和谐的社区环境。

创意社区所在的城乡接合部，正在发生着城市化的深刻变化，在这种城乡接合部城市化中所遭遇到的问题复杂而特殊，蓝宇蕴在《都市里的村庄》一书中以其具体的珠江村案例研究揭示出当代中国城市化进程中所形成的独特"城中村"遭遇："流动人口聚居区的形成、外来流动人口在数量上的反客为主、村社共同体在城市化过程中逐渐深化的都市融入，所有这些对于村社区原本特质的影响与作用，以及村社共同体'基因'在社区各层面变迁中的适应性改变都在不断地改写与建构着村社共同体现存格局与未来发展路径"[①]。创意社区在城市郊区村落中的发展，正加快着那里的城市化进程的速度，在不久的将来也将形成"城中村"的独特景观。对于原本的村社共同体，将面临着如何与其肌体上崛起的新社区共同面向未来的难题。朱克英在其《城市文化》一书中以20世纪初到第二次世界大战之间新墨西哥州的道斯与圣菲城为例，在东海岸的艺术家们迁移到了这些城市，艺术家们利用了印第安人和墨西哥人在经济上的边缘性，把他们雇为佣人与模特，最终把他们的民间文化变成了一种旅游产业，并随着地方的繁荣原住民的区域被富有的盎格鲁种族[②]的住宅购买者所取代。艺术区发展历史提醒我们，需要我们关注到艺术产业可能带来的经济发展的不平等问题。今天这些问题已经在杭州的转塘地区呈现苗头，在2004年12月随着中国美术学院象山校区的落成和打造环美院产业圈构想的提出，所在的转塘住宅地价迅速攀升，其直接影响是当地农田不断被征用、大量农居不断被列入城市化改造的拆迁计划中。

在创意社区的发展中如何既保证当地原住民的利益，又能让外来艺术家和外来人口有积极性，这是需要平衡的，需要作出以下的积极努力：首先应该减少拆迁的规模，以有机更新的方式尽可能利用现有条件发展创意社区，让原住民能与创意社区共同发展，必须拆迁的村落应该在拆迁安置后留给一定比例的发展用地，以作为村集体未来在自己社区中的经营留用地；其次，通过村委会

---

① 蓝宇蕴.都市里的村庄[M].北京：生活·读书·新知三联书店，2005:361.
② 信奉新教的欧裔美国人，群体拥有庞大的经济、政治势力，构成美国上流社会和中上阶层的绝大部分。

组织组建代表村集体的村股份制经营实体，鼓励村民以物业、资金、人力等多种方式入股加盟到创意产业中，保障村民利益，共同发展创意社区；再次，为保证创意社区规划上的战略实施，以政府力量干预设立社区经营管理实体来具体操作，并将村集体的物业管理权、区内规划权，从村集体产权、单位产权或个体产权中一段时期出让、剥离出来，让社区经营管理实体负责经营或委托有管理经验的第三方机构进行统一规划和统一管理，同时建立社区规划专家委员会，调查进驻艺术家方面的意愿后进行产业格局方面的规划，一定时期使用权从村民手中剥离将有助于艺术家安心投入社区发展，做长远持久打算；最后，设立适度的社区产业发展政策，一方面出台政策约束物业租金价格，落实产业孵化政策，保障外来艺术家群体的利益；另一方面，从村发展资金以及集体收益中每年提取一部分用于村民的培训，帮助本地村民在社区产业相关衍品的经营中，拓展其经济收入的渠道。

第六章
创意社区的规划原则

2005 年，国际城市与区域环境规划师协会在西班牙的毕尔堡召开了一个题为"为创造型经济创造空间"的会议，他们对许多城市标出了创造度，试图用一系列指标来对应不同城市空间的创造力。创造型经济与空间之间究竟有无关系，或是一种怎样的关系，一直是各界所努力探寻的。在社区的规划中，规划者也试图通过社区的形体优化来探寻社区问题的解答。

《新城市规划宪章》对空间形态与社区问题的关系给出了一个中肯的看法："仅仅依靠形体方案本身不会解决社会和经济问题，但是，如果没有空间形体结构的凝聚和支撑，同样也不能维持经济活力、社区稳定以及环境健康"。[①] 空间形体组织并不一定可以解决我们所面临的社区问题，但毫无疑问，良好的空间形体组织必然有助于我们来解决这些问题。

创造力与多样性密切相关，这一认识由来已久，梅特卡夫以早期的火车形态来说明认识上的多样性与创新的关系："（在铁路产生之前）不管一个人坐过多少次马车，他都没有见过铁路，因此早期的火车看上去非常像铁马拉的马车。要点在于认识是多样性的，创新也就是具有认识上的多样性，它们受到认识框架的约束"。[②] 因为受到早期狭隘认识框架的限制，创造性能获得的突破必然有限，需要多样性的启迪才能开拓创新的视野。

多样性对于人的创造潜能的激发具有重要意义，比如柯布西耶在土耳其旅行时由当地本土建筑风貌引发他全新的视野；高更因为塔希提的生活，开创了新的艺术面貌……多样性表现的形式不一，可以是物体的多样性、空间的多样性、人的多样性、观念思想的多样性等，归纳上升到文化，即文化的多样性。2001 年，联合国教科文组织在《世界文化多样性宣言》中指出文化多样性的重要："文化

---

① （美）彼得·卡尔素普，威廉·富尔顿. 区域城市——终结蔓延的规划 [M]. 北京：中国建筑工业出版社，2006:217.

② （英）梅特卡夫：演化经济学与创造性毁灭 [M]. 冯健译. 北京：中国人民大学出版社，2007:120.

多样性是交流、革新和创作的源泉，对人类来讲就像生物多样性对维持生物平衡那样必不可少。"① 毋庸置疑，每项创作都离不开有关的文化传统，而社区是文化传统多样性的基本载体和储藏室。在创意社区中，多样的内生性要素是衍生、演化的基础，这种多样性和独特性有助于创造力的激发，演化无限可能。

第一节　创意社区的有机多样性

一、有机更新

克里斯托弗·亚历山大（Christopher Alexander）对大规模城市改造提出质疑，认为大规模改造所用的统一形体规划否定了城市文化价值，城市的改造需要探索城市与人类行为之间的复杂的层次联系，而不是清除这些联系。1965年，亚历山大在其《城市非树形结构》的文章中，指出城市的结构有两种类型：一种是"自然型城市"，随着时间流逝而自由成长，这种城市具有自然的多样性；另一种是由设计师、规划师蓄意创建的，即所谓的"人工型城市"。大规模的改造中形成的"综合规划的'人工型城市'缺乏'自然型城市'所拥有的一些'关键要素'，而正是这些要素使得自然型城市比规划形成的现代城市更富有吸引力和更为成功。"②。亚历山大认为，"自然城市"有着半网络结构，而"人造城市"是树形结构（见图6-1）。半网络结构和树形结构相比，前者拥有结构的复杂性，

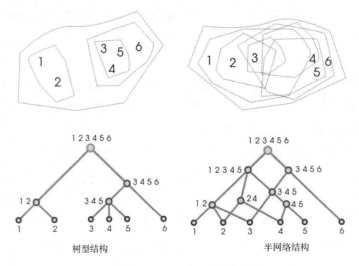

图6-1　亚历山大的"树型结构"与"半网络结构"比较

---

① 胡惠林.文化产业学：现代文化产业理论与政策[M].上海：上海文艺出版社，2006:27.

② （英）泰勒.1945年后西方城市规划理论的流变[M].李白玉，陈贞译.北京:中国建筑工业出版社，2006:47.

具有多样性，而后者的性质缺乏这种结构复杂性。

大规模建设所带来的结构简单、单调问题不仅出现在西方的新城市或新城区，在我国城市化进程中大规模的新区建设规划展示出来的单一逻辑同样存在，这些整齐划一结构简单的新区大多缺乏活力和社区魅力。事实上现实中社会结构是密集的活动网络的重叠体系，远不是简单树型结构所能概括的。大规模改造的方式其结果是牺牲了原有的多样性的联系，取而代之的是单一化，从而造成了令人厌倦的社区环境。

吴良镛结合北京什刹海地区规划实践，在《北京旧城与菊儿胡同》一书中提出"有机更新"理论。"所谓'有机更新'即采用适当规模，适当尺度，依据改造的内容和要求，妥善处理目前与将来的关系——不断提高设计质量，使每一片的发展达到相对的完整性，这样集无数相对完整性之和，即能促进北京旧城的整体环境得到改善，达到有机更新的目的"。[①] 他认为从城市到建筑、从整体到局部，像生物体一样是有机关联和谐共处的，城市建设应当顺应原有的城市结构，遵从其内在的秩序和规律，对老旧建筑更新和保护，并根据房屋现状予以区别对待，要保留好的和有历史价值的建筑，修缮虽已破旧但尚可利用的建筑，拆除破旧危房，逐步过渡，既保留历史文脉的延续，又形成有机的整体环境。"有机更新"理论已被国内部分城市采纳在旧区改造中并付诸实践，场所有机更新的方法对于维护场所多样性方面发挥着有效的作用，在实践验证下是一种延续场所文化联系的有效方法。

有机的环境对于创作者的创作是有裨益的。任何创作都离不开其背景中的文化，艺术创作尤其如此。建筑师赖特认为：空间是艺术的呼吸。而西蒙则认为：任何设计都是内部环境（思维机构）适应外部环境的结果。[②] 换一个角度看，艺术或是设计的灵感得益于其环绕的启发性空间的有机渗透。那些自然发展起来的社区是地域文化的有机承载体，是适宜创意社区生长的温床，应当结合社区的有机更新来发展创意社区，在地方民俗与艺术创作的叠合中有机发展，应尽可能避免新区开发的模式和旧城区推倒重建的模式。如果创意社区坐落于乡村，乡村的改造也应该遵循这样的原则，尽可能地维持原有村落的自然有机性。自然形成的村落往往是自然环境与社会民俗长年累月塑造的结果，这种自然有机性是艺术创作获得创意灵感的绝佳场所，需要善加利用。

二、有机更新案例——柴家坞农居创意村

社区场所有机性往往是结合自然，在历史中缓慢沉淀而成，是一种不可再生

---

① 吴良镛 . 北京旧城与菊儿胡同 [M]. 北京：中国建筑工业出版社，1994.

② 周至禹 . 思维与设计 [M]. 北京：北京大学出版社，2007:18.

C2　商业金融用地
C6　教育、科研、设计用地
C6/M1　教育、科研、设计、一类工业用地
C7　文物古迹用地
C25　旅馆业用地
C34　美术馆用地
E61　村镇居住用地
R21　二类居住用地

R22　居住区公共服务用地
R幼/R小　幼托、小学用地
S3　停车场用地
U　市政公共设施
G1　绿地
■■　山体
▨▨　河流、水域
----　规划红线

图6-2（a）　白马湖"柴家坞农居创意村"片区规划

的稀缺资源。在创意社区的改造利用上，自然发展形成的传统村落具有不可多得的有机性和由自然地貌、村民习俗等各种因素塑造形成的多样性环境肌理，成为自然与历史赋予的不可多得的馈赠。在杭州滨江白马湖"柴家坞农居创意村"的改造中，即利用了这个原则，尽可能地利用和维护这种历史自然形成的有机多样性来发展创意社区，成为从一个村落有机更新立场上的创意社区建设实践。

（一）村落改造的背景

"柴家坞农居创意村"改造方案由中国美术学院白马湖工作小组负责进行设计，本节以下图片和部分资料引自该小组集体的创作成果。"柴家坞农居创意村"是白马湖生态创意园区中率先启动的示范区，位于杭州高新区（滨江）南部区块，坐落于山林的坡地上，由西北向东南倾斜，整个村落在自然山体的怀抱中（图6-2）。在白马湖"柴家坞农居创意村"的改造中，设计者从地方民俗、自然地貌、视觉景观等方面努力还原村落的文化内涵和地方特色，对原有的建筑外部立面进行有机更新以及内部空间的再造。

（二）有机多样性肌理的分析

1. 地形与地貌的有机多样性

柴家坞总体是处于山地上，其村落道路是在自然的地形条件下形成，具有很好的自然有机性，可以类比为植物的脉络。根据道路与末级地块的不同进入和构成关系，可以归纳出六种类型的集合体，以此作为划分地块的依据（图6-3）。

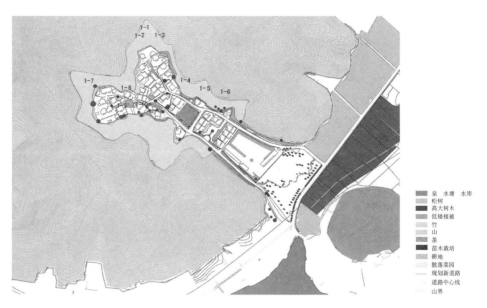

图 6-2（b）　柴家坞村的地理位置与自然条件图

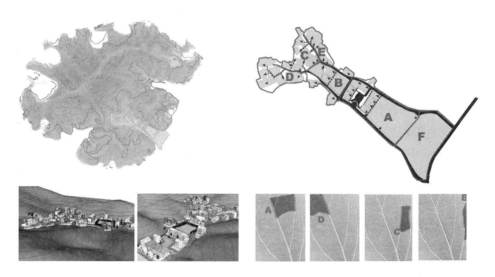

图 6-3　柴家坞的山地特征与村落形态的自然有机多样性

六种类型各具特征，比如 B 地块，有细微的高差变化，建筑密度低，主体部分与山体无围合关系，但其侧翼被山体围合。而 C 地块，高差变化大，支路之间相互拉扯，把基地分割为带状结构，建筑密度高，部分建筑靠山。所有的地块都具有自身的不同特点，形成村落内部的丰富多样性。

　　2. 建筑形态的有机多样性

　　　　通过调查整理和归纳发现,在杂乱的建筑中蕴含着五种基本的类型(图 6-4),每种形式的建筑也分别是在村落的形成过程中的不同时期所建造，呈现出各个时

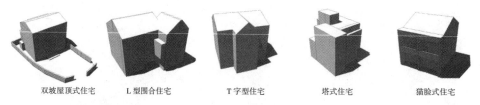

双坡屋顶式住宅　　L型围合住宅　　T字型住宅　　塔式住宅　　猫脸式住宅

图6-4　柴家坞建筑形态的多样性

期的不同特点，蕴含着柴家坞村建筑的地方特色，同时也形成建筑的丰富多样性。

3. 自然与人工交互的有机多样性

柴家坞村的自然场所特征包括：坡地、山谷、竹林等；人工场所特征包括：水塘、水井、大树、挡土墙、围墙等。住户院子中的建筑材料、水井、磨盘、粮仓、花架、植物都构成了对纯真而亲切的日常劳作生活的有机联系。

（三）有机多样性的利用和更新

1. 还原

有机的多样性保护与还原是本次村落更新工作的重要基点。由地形、地貌、建筑、道路形成的有机性，在村落中予以保留，并将其魅力进一步展示出来。柴家坞村的建筑由于是村民自发建造，经年累月之后，村落的视觉形态是处于拼贴的状态。对于这种积极的丰富混杂状态是要妥善保护和充分激发的，这些都表现了村民丰富多样的生活状态、独特的生活方式和审美趣味。但其中也包含着村民一定时期非常急功近利、不假思索地被流行所影响的特征，这些不和谐的因素需要被去除或者削弱，使各个建筑能够有机的融合在一起。将不符合场所特质的流行性的元素和多余的装饰符号去除，使质朴、本真的建筑显现出来，让进驻的艺术家能够体验到传统乡村生活中的单纯和朴拙一面。值得注意的是，经过改造在去除多余的装饰符号后，这些建筑反而突出了其类型特征，这与进驻的创意产业内涵相吻合。通过还原激发人们对自然场所的有机性领悟，调动起人们深处的记忆，对孩童时期，或者久远以前的质朴生活重新获得了认识。

2. 有机置入、延伸有机多样性

A地块地势比较平缓，改造为艺术村落的中心活动区域，利用现有的水塘，置入S型风雨回廊，以延伸场所的有机多样性，获得建筑与建筑的联系，在遮风避雨和遮荫的条件下促进人们在此聚集和沟通交流，同时，在小雨天气中也能观赏池塘水满的情趣。对东南区域建筑加建底部与主体建筑半连接的附属建筑，增强建筑围合感，并丰富建筑的形态（图6-5、图6-6）。

3. 局部更新

对部分原有建筑屋顶进行改造，增加观景平台，以利于人们有更多接触自然

图 6-5　有机置入新的工作室空间，利用回廊链接建筑

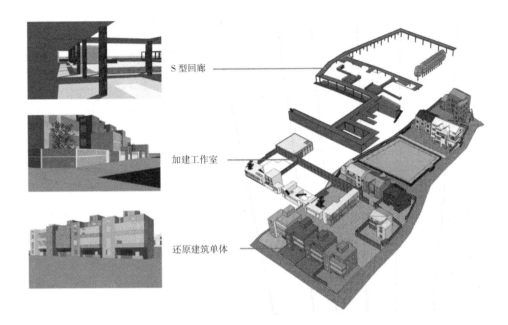

S 型回廊

加建工作室

还原建筑单体

图 6-6　回廊、加建工作室与还原建筑单体示意

和观赏景致的机会，并且在部分建筑的底部加建小型的房间。在建筑的改造中存在两种情况，一种是整幢建筑用于发展艺术家工作室；另一种情况是局部用于发展艺术家工作室，村民居住在一楼。对于后者，对有条件的建筑利用东西山墙面设置户外楼梯，以方便艺术家进入二楼或二楼以上的工作室，而不干扰村民生活，同时丰富建筑的立面（图 6-7）。修整院落和围墙，整理出封闭、半开放、全开放院落，修整坡地的平台以利于人们休憩和交流沟通。清理建筑檐口下不必要的装饰，对原有建筑门窗进行改善。清理和利用场地高差和建筑之间空隙等荒废空间，进行景观修缮，并将上山的路进行整理，加强村落与自然山体的联系。

（四）功能有机置入

　　本规划的核心概念是：农居和创意经济的结合，即"农居创意 SOHO 示范村"。农居—乡村的生活方式、空间构成方式、产业模式、景观特征等从根本上有别于

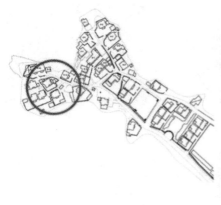

图 6-7　建筑局部增加户外走廊示意

图 6-8　柴家坞农居创意村鸟瞰和功能置入示意图

城市，乡村生活方式的世代继承和积累，使得乡村空间生活气息浓厚，提供创意人群安静而富有启发性的环境。创意人群的入驻与原住民的相互结合以及创意空间与乡村环境的相互结合，通过创意产业的关联发展，形成创意产业与社区产业相互促进，带动原住民的社区产业。两种空间的相互融合为旅游体验经济带来特殊魅力，交融产生一种新的乡村文化和生活方式（图 6-8）。

三、多样性的来源

空间的多样性往往来自不同力量，社区的规划需要多元价值并存。雅各布斯指出这种多样性的塑造与规划和设计以外的力量参与密不可分，她认为："大多数城市多样性是由无数个不同人和不同的私有机构创造的。他们拥有众多不同的思想和目的，可以在公共行为的正式框架外面进行规划和构想。就公共政策和行为而言，城市规划和设计的主要责任是使城市发展成为一个适宜于这些非官方构想和行为可以充分发展的地方，使其能够和公共事业一同展翅飞翔。"① 正是各种带着不同目的的参与者为社区贡献着丰富的多样性，赋予空间丰富的创造力和个性。罗伯特·文丘里也认为："杂乱而有活力胜过明确统一。"② 舒可文在《798 与城市形态》一文中，表达了类似的观点，认为 798 的复杂性是由多种目标的其他群体聚合力量的结果，而不是规划的结果，他认为："那种拥有巨大影响力的主导群体都是典型的单一目标者……所以再精心的规划也是单调和陈旧的，但是我们真实的城市生活并未完全被这些单一目标控制着方向，因为它永远不能替代规划外野生风景对城市形态的滋养和构造，它们是让城市具备自己形态的细菌，是由多种目标的其他群体聚合的力量开发了城市的丰富性和可能性。"③ 创意社区需要这种开放和创新、实验的氛围。在这样一个创造性的环境中，可以让进驻的艺术家或设计师参与，获得成员的身份感受，能够自己对空间进行塑造和再创作，以及营造自身所处的环境。只有那些进驻的艺术家或设计师们成为主动的参与者，而不是被动的消费者，成为自己环境的改变主导者，而非接受者，这样的创意社区才能具有创造性。

创意社区的多样性是众多艺术家不断生产贡献和活动的产物。比如在北京、上海的艺术区中，进驻者有主流艺术家也有非主流艺术家，但其中不少人的身份从以往的单一身份，转变为多重身份，除了艺术家身份，同时还是艺术策划人、文化推广者、商业的经营者、设计者等，艺术家以多重身份参与社区发展。通过对不同地域的艺术空间的考察也可以证实，那些富有活力和广泛影响力的艺术区，正是因为有了大量的不同个体和机构的参与才呈现出多样的活力。考察发现具有活力的创意社区无论是大的空间形态还是小的建筑细节，都呈现出色彩缤纷的多样性，比如以"门"为代表，各种设计工作室、艺术工作室、画廊等都呈现出非常丰富的多样性，各种门都被赋予了不同的特征和个性，少有雷同的样式。这一现象可以间接地说明：成功的创意社区给艺术家或设计师以展示的舞台，工作室的主人往往将自己的个性有意无意地表现在其工作或展示空间中。创意社区是一个舞台，是艺术家和设计师们丰富的个性发挥，塑造出的创意社区的多样性和魅力，形成了创意社区的文化景观。形形色色、不同姿态的多样性促成了创意社区的包容的多样性世界，一位生活在宋庄的艺术家在其日记中写道："仅这无意识的选择之处，让我看到融入这片艺术之海，每个人在其中游泳的不同姿态；而这里的包容性、宽广性、现实性、神秘性，让每个人有意识地投入并索取……不要仅一个人过多的言语，从而破坏它原有乘载

---

① （加）简·雅各布斯.美国大城市的死与生 [M].金衡山译.南京：译林出版社，2006:220.

② 张京祥.西方城市规划思想史纲 [M].南京：东南大学出版社，2005:191.

③ 舒可文.城里：关于城市梦想的叙述 [M].北京：中国人民大学出版社，2006:175.

的自身魅力。这又是一块特殊的土地"①。创意社区即应该是这样"一块特殊的土地",是多元价值并存的多样性自然生长的地方。

四、规划外的有机性思考

　　与那些相对具有活力的创意社区形成对比,部分由政府或开发商完全主导开发的创意社区就缺少这种多样性的活力,比如一些建成的创意园区,开发者将整个园区进行统一整体性规划和设计,这种一体化设计的结果导致园区缺失多样性,成为了规划者单家的独角戏,园区最终因缺少活力而成为常态空间,艺术家们不愿意进驻,最终园区的经营难以为继。创意社区是一个由积极多元空间、多元关系网络组成的,以活跃的艺术家为参与主体的多要素复合异质性空间(图6-9),创意社区的多样性生成是一个多种力量参与和塑造的过程,而不是结果,更不是"蓝图式"规划能够赋予的。那些具有广泛影响力的创意社区事实上并不是通过"蓝图"规划而来,往往是通过各方面积极力量以多样性的"非规划"形式自然而有机形成。那种工业园区规划——通过规划者的主导意识和价值体系来进行,常常导致社区缺乏多样性的活力,并不适合用于创意社区的规划。创意社区需要为即将进驻的艺术家和设计师留有一定的"空白"。

　　部分人士认为创意社区是"野生"的,不可规划。创意社区究竟可不可以规划,问题的焦点并不在规划本身,即使是再复杂精巧的构筑物都可以在蓝图的缜密中得以呈现,命题的本意是规划建成的创意社区是否能像其"野生的原型"(或是规划初衷)一样呈现盎然生命力,问题的解决不在于呈现一个静止的躯体,而在于如何将呈现"活化",让身处其间的形形色色的人们找到属于他们自己的联系。场所特征的存在物只是创意社区的一个方面,它的真实性是一个多样性的存在,一个交织着"生境"关系难以分离的有机存在,而这种有机性是人们多样的联系所汇聚成的。这种有机体时时刻刻地处于一种不断生长多样性的状态。"野生"的宋庄事实上对规划者是一个启发,首先宋庄的艺术产业是融合在村落的自然躯体中生长,艺术家与村落两者相互结合,这种结合与单一力量导

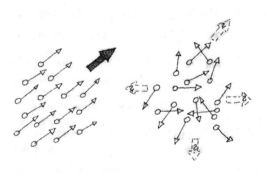

图6-9　均质性与异质性地区。
(引自:[美]阿摩斯·拉普卜特。)

① 马越 . 长在宋庄的毛 [M]. 兰州 : 甘肃人民美术出版社,2008:243.

向的最大区别在于：首先前者是复杂多样的个体力量朝着各自的目标塑造的结果，后者却不具备这样的多样性；其次"野生"所塑造的结果与亚历山大所说的自然形式即重叠的、模糊的、多元交织起来的有机体在很大程度上是一致的，因此也更能催生出更多的多样性和富有创造力演化的可能性。所以，在创意社区的规划中，需要从尊重多样性出发，提倡由下而上（公众参与）、上下结合（政府指导）的社区规划与建设方式，根据创意社区将遇到的特殊问题，进行有针对性地解答。应使社区按照社区居民和将要进驻的艺术家的价值意愿而不是单方面的政府或规划人员的价值意愿来规划和建设，应当让社区中的真正主人参与进来，而政府和专家仅仅是来帮助他们来规划他们自己理想中的社区环境。各种力量参与进来，将有助于一个多样性的环境的形成，并促进文化多元化的发展。

　　创意社区的规划应更多的是扮演汇集艺术家、设计师及相关人群和当地原住民意见和协调不同利益团体的一个过程，应该体现为一种"联络性"和"倡导性"。"行动性规划"的倡导者约翰·弗里德曼（John Friedmann）以温哥华的各种组织在行动性规划中发挥的作用为例，解释："实现行动规划的首要前提是存在一个积极的市民社会。例如温哥华拥有数百个市民社会组织，它们积极参与规划决策过程。其中许多组织都是单一目标的，即倡导拥有某项特殊利益，如骑自行车、荒野保护或邻里美化等。此外，还有许多规模相对较小、更多关注研究和政策的'智囊机构'。所有这些组织都坚持不懈地通过各种途径实现自身的理想。"[1] 各种不同的组织机构形成积极的参与集体，最终以多元目标的方式塑造社区的多样性。在创意社区的规划中，在大的产业形体布局后，应当促使社区中的各种组织和社团等形成，并参与到社区规划和塑造中来，由此来化解单一产业规划中多样性缺失的难题。

第二节　易交流、活动密集叠合的街区

一、街区的社区意义

　　刘凤云在《明清城市的坊巷与社区——论传统文化在城市空间的折射》[2] 一书中提到"方[3]（坊）之类聚，居必求其类"，认为"坊"（街区）是居民同类相聚的场所，促使了那些具有社会特质和文化内涵的地域社区的形成。文中强调并指出茶馆、茶园是社区文化传播的载体，而会馆则凝聚了士人的文化情结。彼得·卡

---

① 刘佳燕. 约翰·弗里德曼教授访谈录 [J]. 国外城市规划，2006，21（2）.

② 刘凤云. 明清城市的坊巷与社区——论传统文化在城市空间的折射[M]. 北京：中央民族大学出版社，2001.

③ "坊者，方也，言人所在里为方。方者，正也。" ——唐朝《苏鄂苏氏演义》。

尔素普也认为街区在一个区域中具有极为重要的作用,他认为"就像健康的土壤,一个区域和它的街区设计能够养育一个比较平等和健康的社会或相反"①。信息与知识的载体是人,而街区是人的汇聚之地。我们很难想象一个无趣的街道能成为"有趣"人的主动选择的聚集地,只有有趣的街道才会吸引载着信息与知识的"有趣"人逗留与汇聚,不论这样的街道是位于大城市或是小乡镇。创意社区离不开艺术街区,街区将提升一个创意社区的魅力,是艺术家、当地居民以及游客其他通勤者生活空间叠合的地方,是形成创意社区内在凝聚力的地方,是叠合的人群之间进行交流和频发社会交际活动的地方。在创意社区的街区中,我们需要提倡一个易相互交流、彼此融合的氛围,并以此来奠定社区的艺术人文性。

二、步行优先的交通组织

一个街区首先需要提供一个适宜步行的环境,人们才能够在社区中进行步行活动,才能参与社区的社会活动,进行社会联系。在社区的规划中,需要在接近性和可达性之间进行平衡,一方面需要通过性道路的汽车等快速交通使社区与外界联系起来,另一方面社区中需要足够的步行道路来实现可接近性,以促进社区内部的交流。街区为社区生活的展开提供了场所,使得人们有了流连、徜徉,甚至是"闲逛"的地方,离开步行的环境,街区的丰富而细致的活动就难以进行。从艺术家酝酿创意的角度,历史学家巴曾(Jacques Barzun)认为:"对创意人来说,闲晃其实是一种效率;不论大小,任何创意人都无法跳过这个阶段,就像一个母亲无法跳过怀孕的过程一样。"②而步行正是这种"闲逛",获得信息与知识,酝酿创意的一种方式。在创意社区的交通规划中,需要提倡以下原则来为社区的魅力打好基础:设立平缓、安全、安静的内部交通;以步行优先合理安排步行可达的空间尺度,尽可能将公共设施布置在居民步行就可轻松到达的范围内;合理组织人行、自行车、小汽车的社区路网,尽可能避免过境交通穿越社区;与广域交通网络安全合理顺畅连接。

步行优先意味着以街区为中心,鼓励日常交流。这种尺度是建立在人的步行基础上,而不是汽车。按照汽车的尺度所规划的新区已经暴露出问题,街道、停车场和建筑的尺度过于膨胀,大量的道路空间被小汽车所占用,人们在汽车的胶囊里匆匆路过,难以获得细腻的社区体验。如果街道都变成一个通过性的区域,这个街道将失去很多有价值的魅力,这其中也会包括人们对这里归属感的散失。

---

① (美)彼得·卡尔素普,威廉·富尔顿.区域城市——终结蔓延的规划[M].北京:中国建筑工业出版社,2006:216.
② 赖声川.赖声川的创意学[M].北京:中信出版社,2006:228.

创意社区需要的是魅力细腻的呈现，需要避免失度的街区尺度。社区的尺度并不仅仅指的是人生理上感知的尺度，也包括人心理上的尺度。在创意社区的规划中，需要建立个性化、具有个体识别感、令人产生场所归属感的建筑空间，建立层次丰富、细腻而生动、具有感官愉悦感的建筑形体和规划布局，以符合人的生理与心理需要的尺度、比例和体量来建造建筑。

三、交流与活动的场所

雷·奥登伯格（Ray Oldenburg）在其《伟大的好场所》一书中指出了现代社会中"第三场所"的作用。[①] 他所指的第三场所是除家庭和工作场所外的其他场所，他认为，人们需要在工作场所和家庭之间有这样一个第三点场所，比如咖啡馆、书店、酒吧、小餐馆等。第三场所是社区社交活力的地点，正是这些非正式的聚集场所使得街道的公共空间变得魅力无穷，可以让人们在工作和居住生活以外获得释放。卡尔素普认为公共场所是社区形成社会资本的重要方面，他指出："如果一个街区具有多样化的建筑环境，例如那些为人们提供参与非正式的社区生活的集会场所，那么，这个街区更有可能成功，因为那里为建立社会资本提供了条件。那些非正式的集会场所可能是学校、公园、社区中心、商店、咖啡馆甚至小酒店。通过提供给劳作的人们一个休憩的街区建筑环境，集会场所会培育出一个和谐的社会结构所要求的人们之间相互作用的网络"。[②] 事实上，人们的非正式交流场所因为可以超越家庭、职业和社会关系进行人际交流，有助于凝聚创造力，形成社区的活力。如同前面信息与交际空间中已经论述的，不同的公共空间是聚合不同亚文化团体的场所，并有利于这种文化团体的发展。佛罗里达也指出在有魅力的城市或社区中，人们可以很容易地从中发现与自己兴趣爱好相一致的"圈子"，而那些聚集的场所即是进入"圈子"的入口，在这里人们可以获得这种社区文化的感召，享受社区中的魅力，在创意社区的建设中，需要给予足够的重视，以促进艺术家与社区居民通过这些公共空间进行融合，形成创意生活与创意环境的良好氛围。

丰富多样的社区活动是构成社区魅力的重要部分，离开这些活动，社区无疑是枯燥和贫乏的。在创意社区中，人们只有通过社区生活的深入参与，才能真正地获得艺术生活的感召，在社区中找到归宿感。因此，创意社区应当是创意工作、艺术生活的平衡场所。在创意社区的规划中，需要本着促进各种人群之间的交往

---

① （美）大卫·沃尔特斯，琳达·路易斯·布朗.设计先行——基于设计的社区规划 [M].张倩等译.北京：中国建筑工业出版社，2006:25.

② （美）彼得·卡尔素普，威廉·富尔顿.区域城市——终结蔓延的规划 [M].北京：中国建筑工业出版社，2006:18.

原则，完善公共空间，将社区酒吧、咖啡馆、商店、饭店、文化娱乐等公共设施融入社区的公园、绿地、广场等开敞空间的综合思考中，而不仅仅是大尺度的广场与公园。同时在公共空间的规划中，需要考虑艺术人群的生活习惯，将其建设成为白天与夜晚各具不同魅力的场所。

四、街区的肌理

从街区与生活的角度，迈克尔·索斯沃斯认为，街道格局对社区的品质具有十分重要的意义。[①] 按照他的观点，"共享街道"以及静谧而安全的"尽端路"（图6-10）是社区品质不可或缺的，"非连续性的短小街道系统——与格栅不同——可以增进邻里间的了解、家庭关系与互动"。具有风情的街道，将为社区增添魅力，也将有助于未来社区中艺术家和各种创意阶层被街道风情所吸引，走上街头，融入社区，获得彼此频繁交流互动，为整个社区增加多样性的创造力和社区活力，使得创意社区成为信息与知识的富裕地方。创意社区需要赏心悦目的事情就在身边，而这种赏心悦目的获得是需要街道的设计与规划充分尊重自然，因地制宜，尊重城市的美学品质特征，将城市的文化传承下去，而不单单是功能主义效率最大化的格栅。

第三节　创意社区的混合利用

一、功能分区与混合利用

20世纪30年代，科布西埃和CIAM发明了现代主义的功能主义城市规划，从城市空间的实体上将城市的功能分为居住、工作、娱乐和交通四大部分或区域。

图6-10　迈克尔·索斯沃斯关于街道机理的对比
（从左至右，分别为：（1）直线格栅网格的街道布局；（2）零星格栅与蜿蜒平行的街道布局；（3）非连续性的尽端路与环形街道布局。资料来自迈克尔·索斯沃斯：《街道与城镇的形成》，第3页。）

---

① （美）迈克尔·索斯沃斯.街道与城镇的形成[M].李凌虹译.北京：中国建筑工业出版社，2006:106.

现代主义的初衷是希望通过分离相互影响的城市功能，从而达成一个适宜的工作、居住或生活的环境，使得居民工作质量和生活质量都得以改善。但从实践来看，相互隔离的城市功能造成了城市的有机联系被切断，城市内在的经济、文化和社会环境有机体被破坏，造成城市的经济活力和效率丧失、社会隔离，同时也使得城市土地和能源被严重浪费、交通堵塞、空间失度、景观单一等诸多问题。20 世纪 80 年代以来，学术界对于城市功能分离进行了深刻反思，雅各布斯提出空间在区分首要用途前提下，需要多样性混合利用[①]，她痛斥功能主义将城市功能分离的单一做法。功能分区是用功能主义的乌托邦理性将城市有机结构简单化，混合利用的提出再次让人们意识到城市结构是理性与感性的有机体，我们不能离开有机性去探讨社区问题。

二、混合利用与创新环境

功能混合利用指的是在社区或社区局部中，居住、学习、工作、娱乐以及交通等功能类别进行两项或多项的融合，比如居住与工作进行混合；或者是相同的功能类别中混合不同的种类，比如艺术创作区域中，陶瓷工作室与建筑设计工作室比邻而居。前者是类别的混合，后者是种类的混合。功能的混合利用有助于多样性的发展，形成有利于创新的环境。1965 年，威尔布尔·汤普森（Wilbur Thompson）提出"咖啡屋"创新理论，认为："拥有大学、博物馆、图书馆和研究室的大都市成为一个巨大的立体'咖啡屋'，各种文化在这里激荡。碰撞出火花，点燃新产品和新进程之火……创意人会在一时一地聚集，跃动的人会创造出一种氛围，吸引更多相似的人。"[②]"硅谷"模式是最典型的"咖啡屋"，以空间作为生产力，孵化出各种实验室的重要性远比其内的各种实验室孵化出各种产品的重要程度高得多，硅谷的成功与混合利用关系密切。兰格认为各种空间的混合，形成了时空的异质性，在这种异质性环境中加上多元化的人群通过非正式的经济交流形成"文化孵化"推动创新。单一性往往是缺乏活力，不利于创造性思想的发挥。相反，那些空间混合利用程度大的区域，具有更多的创新表现。创意社区是创新思想汇聚的场所，如何让各种创新的思想不断诞生，这就需要空间中同时存在拥有不同思想的个体，为各种思想的混合提供可能的碰撞，而场所中不同空间类别的多样性混合利用无疑增加了这种可能性，而不是其相反的功能分区的同一性。

---

① （加）简·雅各布斯.美国大城市的死与生 [M].金衡山译.南京：译林出版社，2006:146-148.
② （美）理查德·佛罗里达.创意经济 [M].北京：中国人民大学出版社，2006:92.

三、集聚点

创意经济是文化、科技和经济相互交融与作用所形成的综合经济形态，需要多学科广域人才和要素集成创新。斯哥特在《创意城市：概念问题和政策审视》[①]中提出，混合利用的综合体具有一种促进学习和创新效应的创意场（Creative Field），这种创意场有助于促进和引导个人创造性表达。混合利用是需要一定的密度作为前提，大卫·沃尔特斯认为："占据的密度越大，在公共空间周围的邻里中，混合利用的选择性就越多，创新的力度也就越大，而经济发展的可能性就越高。"[②]霍斯珀斯也持相似观点，认为一定密度的"集中性"混合了"多样性"后，形成创新的"非稳定状态"来形成一个地点的创新能力。密度无疑是缩减个体沟通交流距离的重要方面，为各种思想交汇创造更容易的机会，基于这种理论认识，创意社区要形成一个创新的结构，需要通过密度的调节，来增加混合利用的选择机会，进而形成创新发展的集聚点。费舍尔认为实现群体交往需要达到必需的个体数目，并将这个必需的数目称为"临界数"，他认为只有突破了"临界数"，各种不同类型的人才可以在社区里找到足够数目的同伴，从而形成一个相互认同、相互支持的小圈子。因此为达到创意社区中人们相互交往形成创新和凝聚社区活力的目的，在其集聚的前期，需要通过一定的孵化政策，来达到个体上的"临界数"。

对于集聚点的认识，在各地的创意产业的实践中还没有给予足够的重视。目前国内部分创意产业园区按照工业园区的方式规划，重复着传统功能分区，比如一些园区常常被划分为交易区、展示区、创作区、生活区和商务区等，认为如同将工业生产的原料、生产、包装、货运等功能区分能提高创意的效率一样，但事实上，这种功能分区稀释了个体的密度并无助于创造力的发挥，导致园区缺乏活力，难以形成氛围。例如有的创意园区在开园的时候，园区方组织一两场大型活动，而在之后整个园区都在一片沉寂中毫无生机可言，究其原因与进驻个体没有多元化的思想碰撞以及功能分区的隔离阻碍交流不无关系。首先，创意社区是创新思想的汇聚地，感性的本质上需要功能混合利用，进行彼此启发，这种特征是有别于园区的功能分区。功能混合利用，使得思想与信息流动的效率加大，并衍生更多的多样性和活力。社区的更大程度地混合利用，有助于进

---

① Scott AJ. Creative cities: conceptual issues and policy question. Paper presented at the OECD International Conference on City Competitiveness, Santa Cruz de Tenerife, Spain, 3-4 March, 2005.

② （美）大卫·沃尔特斯，琳达·路易斯·布朗．设计先行——基于设计的社区规划 [M]．张倩等译．北京：中国建筑工业出版社，2006:25.

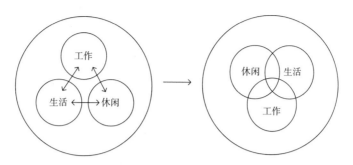

图 6-11　左图功能分区造成通勤对小汽车的依赖，右图为混合利用状态

驻艺术家与社区融合，减少隔阂，增加了人们的社会活动和社会联系，推动社会的和谐发展。其次，混合功能的社区提供了适宜的居住和环境质量，有助于相互联结的网状道路形成舒适的步行环境，促进易交流、活动密集叠合街区的形成。

工作、休闲和生活空间的混合利用有利于减少通勤对小汽车的依赖，工作、生活、休闲的适度叠合有助于创意效率的提高（图 6-11）。创意社区具有复杂系统以及自组织和自我演进的特征，功能混合利用为这种自我演化提供了基础。在这种基础上，创意社区的创意工作与生活功能上界限模糊。沃尔特斯认为创造性专业人士对于工作与休闲、娱乐的转换在瞬间发生，他们越来越扮演着"自己城市的旅行者一样的角色"。[①] 因此，工作与休闲的混合性成为促成创意效率的重要方面，以达到艺术家、设计师及其他创意人对工作同时对生活休闲的混合要求。

四、创作、展示及社会开敞空间的混合利用

创意社区中，空间的混合利用可以表现为工作空间与展示空间的相互叠合，以及两者与社会开敞空间的混合。工作空间与展示空间的相互叠合有利于各类别艺术跨界发展。艺术的跨领域结合同创作和展示的混合关系密切，而在当代艺术中这种跨领域的结合伴随着创作与展示空间的混合更为常见。创意社区中工作、展示、生活与交流空间的相互混合，有利于艺术家们拓展自己作品的边缘，并且跨艺术领域展览、传播的空间除了传统的美术馆、画廊之外，部分作品也会在非传统的展演空间中进行发表，比如仓库、过道、厂房、餐厅、咖啡厅、露天街道、广场等，并追求艺术展品与所处环境的结合，最终创意社区成为一个巨大的各种艺术思想的展演地。

---

① （美）大卫·沃尔特斯，琳达·路易斯·布朗.设计先行——基于设计的社区规划 [M].张倩等译.北京：中国建筑工业出版社，2006:26.

　　在当代，艺术家以艺术介入公众社会的方式履行着其社会实践，尤其是在艺术区中，艺术家们的工作室成为了其作品展演的重要舞台，并具有社会公共产品的特征，其工作室成为其"进行中"的作品展示场景的一部分，开放给社会公众参观，与社会公众进行广泛交流，形成更为宽泛的艺术思想交流与知识溢出，提升社会公众对艺术的理解以及提升其他进驻成员的创新视野，形成相互促进。因此，作为创意社区的规划者需要从组织生产、工作和生活的有机视角来强化融合，叠合艺术创意与生活、艺术家与公众、创作与展示网络，而不是将其完全隔离。社区功能的混合利用，同时也是社区宽容氛围的表现，特别是那些具有较大差异的功能空间相互融合在一起，为整个社区带来一种开放的胸怀和更为深刻的启发。

第七章
研究结论

一、创意社区是创意集群与社区的融贯，是一个动态的发展过程

　　创意社区是艺术及相关人群，以艺术生产形态作为共同纽带，聚居在一定地域中的具有内在联系的社会生活共同体。创意人和创意环境两者的结合是创意经济的重要特征，这种结合具有社区的混合特征，有别于传统制造经济的产业园区，创意社区是居住、工作、娱乐和交通等功能的混合。除了产业发展目标本身，创意社区涉及整个社区人群、空间场所、经济交往互动、文化归属和制度传统的多方位发展目标。

　　创意集群主要是得益于协同创新的环境、集群内部客观上相互为区域内的成员提供利益、信息的对称性、集群所赋予群体和个体的竞争力以及共享创作氛围等外部性的推动。全球化产业垂直分工为创意集群的形成和发展提供动力，为社区发展带来新的发展契机；在全球化中，地域的独特性在文化资源禀赋的传承与全球化的创新中发挥其优势，成为创意集群形成的另一动力。创意社区的建设需要积极参与全球化协作，并保持其地域文化优势。

　　创意社区是一个动态的发展过程。在传统产业经济转型、文化艺术品投资消费、抽象金融投机扩展，都市化发展以及新移民的发展等推动下，创意社区得以诞生和演化。创意社区的演化主要经历了集聚与扩散两个阶段，在集聚阶段艺术家以"空间再生产"引发创意社区由荒凉走向繁荣复兴一系列连锁反应，随后因在集聚的不经济性和商业入侵双重力量挤兑下，形成扩散，原有的创意社区开始了新的空间功能转型。

二、创意社区的建设需要"活化"共同体生态

　　"共同体"是一种关系的结合，是基于协作关系的有机组织形式的联系。创意社区内，个体、个体群、集群同时存在，他们之间彼此联系，共同演化。在集群的发展中，其内部项目协作以及频繁的艺术活动促进了个体群之间交往形式、手段的发展，加速集群的演化。集群的发展状况与集群内个体群合作方式的发展

状况基本同步，所以通过促进集群内部个体群的协作强度和频率能对集群整体竞争力的提高带来裨益。集群要保持其竞争优势，需要不断演化，并需要新的个体群不断诞生，为集群注入更多活力，在创意社区的发展中孵化制度应当作为一种社区持续发展的战略来予以贯彻执行。艺术知识共同体是产业外无形的组织形式和联系，对于艺术人群流动与集聚，发挥着积极作用。这种作用主要是通过知识源溢出效应，发展为一种开放的联系，为其成员带来整体性的知识产出。艺术院校、研究机构、学术团体等都是地域中不可多得的知识储藏室，在创意社区的构建中需要善加利用。

　　创意社区内部的联系类似于生态，集群需要完善生境条件，在创意社区内构筑生态网络。其主要有12种要素构建起核心网络，它们是：艺术家、设计师等个体；各种创意公司个体群；观众、听众等，也包括购买设计等服务的企业创意购买者；项目场所；专业的市场配套及中介；专业的制造或生产协作配套；大学或相关的研究机构、教育培训机构；事业的投资人、金融机构；文化艺术的专业组织或行业组织；地方政府；非官方的社区运营组织或第三组织及其志愿者；艺术创意产品或服务的零售渠道、分销渠道。在健全这种网络系统基础上，如何活化这些要素，对于创意社区的创建和发展关系重大。

三、创意社区需要从活动出发构建场所

　　艺术的场所与其活动联系在一起，这种活动包括：创作、交流、展示、交易、生活、休闲、交通、居住、娱乐等。创意社区的场所可分为核心场所和非核心场所，核心场所包括：艺术的创作生产空间、展演交流空间、交易流通空间、收藏空间、衍生的信息空间、社会交际空间等。非核心场所包括所有的居住、交通、娱乐等其他生活支持场所。艺术生产是创意社区的主要内容，这种内容也包括对场所本身的改造，或再生产。由改造形成新的场所是艺术家在创意社区中所生产的重要产品之一，创意社区本身需要为艺术家和设计师留有一定的"空白"，以供其发挥。

　　创意社区需要重视交流场所的建设。信息交流、社会交际是贯穿在创意社区中的各类活动的主线。非正式交流场所以及工作室本身的临近也为信息与交际的展开提供了机会，增加了艺术家之间的非正式社交机会并扩大了彼此的社会网络，有助于创造性的构想以及技能在个人之间传播，加快知识的社区化，由此也提高了整个社区的知识水平和社区的创意环境氛围。艺术家和设计师们通过这些场所来交流，也形成"圈子"，在这些场所里创意的进程变成了公开的交流和学习过程。文化艺术和商业相互交融是创意经济的本质特征，商业入侵艺术区是创意经济衍生的温床，有利于推动创意产业的发展。大量的艺术家个体以其独特的个性，参

与创意社区艺术意象的营造，这种意象弥漫于整个区域中，汇成创意社区中独特的文化景观。创意社区场所中的意象为社区的体验经济提供了很好的素材，艺术场所本身也成为创意产品的内容之一。

四、创意社区的发展需要社区的参与

创意社区的建设可以通过社区更新改善环境，吸引艺术家，通过艺术家的密集文化活动形成社区创意生活与创意环境，凭借这种环境来培育创造性文化，获得可持续的创造力来推动创意观念与产品的生成，这种创造力对社区更新将形成新的促进，形成循环发展。在这种环境的塑造中，政府、企业、大学、艺术家、设计师、居民、移民、游客和消费者广泛参与，人人获益，活化和链接社区各种要素资源，实现社区的共同发展。创意社区的发展与社区资源组织、开发、管理密不可分，创意社区的基地开发组织模式总体可以分为四种类型，分别适宜相应的不同情况。具体采用哪种模式来发展创意社区，需要结合具体的产业发展策略与定位，并且需要结合发展的具体阶段进行调整。

创意产业的发展需要依托于大都市的市场网络，不能远离都市，但仍然可以在都市的城乡接合部或远郊获得发展。创意社区坐落于乡村，如何将艺术创意产业、艺术家的发展与原有乡村目标、原住民的发展协调起来，是其建设的重要内容。已有的个体自发、集体参与的发展模式与政府干预的发展模式都值得借鉴：个体的自发为创意社区的发展带来活力；集体参与和政府干预为社区内产业升级带来新的契机。在新乡村创意社区的建设中，需要将艺术的衍生产业与社区产业进行有效对接，以增加社区居民的生活来源，让村民获得利益，激发村民发展艺术产业的自主性和积极性。创意社区的建设应注重民众美育和教化，发挥艺术移风易俗、追求进步的积极作用，促成社会良好风气的形成。外来人口是创意社区人口的重要组成，创意社区的建设需要重视外来人口的流动性、特殊性、年轻性和短时性等问题。在创意社区的发展中既要符合当地原住民的利益，又要能让外来艺术家和外来人口有积极性，外来人口与原住民的关系需要综合平衡。

五、创意社区的规划适宜遵循有机更新、混合利用的原则

创意社区需要一种开放、创新和实验性的氛围，以适宜进驻的艺术家或设计师参与，获得成员的身份感受，只有那些进驻的艺术家或设计师们成为主动的参与者，成为环境改变的主导者，这样的创意社区才能具有创造性，才能真正为社区发展注入创造性活力。

创意社区需要多样性，它的多样性离不开众多艺术家的不断生产和贡献，是

多种力量参与和塑造的"过程"而不是结果，这种"过程"不是"蓝图式"规划能赋予的，创意社区的规划需要从多元价值并存出发，在规划中形成总体的产业布局后，应当促使社区中的各种组织以其"行动"参与到社区规划和塑造中来。创意社区是一个创造性的有机空间，创意社区的建设适合于通过有机更新的方式来获得，无论创意社区位于城市还是乡村都需要有机地结合自然资源，从地形、地貌、建筑形态、自然与人工交互的有机多样性入手进行利用和更新，通过还原、有机置入、延伸、局部更新等营造一个有机的环境。

街区在地域社区的形成中发挥着积极作用，是社区文化传播的载体，在创意社区的构建中需要给予足够的重视，应当以步行优先组织交通，合理安排步行可达的空间，尽可能将公共设施布置在步行到达的范围内，鼓励各类人群都可以平等参与社区活动。通过交流与活动场所的建设，让人们从中发现与自己兴趣爱好相一致的"圈子"，享受创意社区中的生活魅力，促进丰富多样社区活动的展开。在街区形体设计上应避免功能主义的格栅布局，需要充分尊重所在地的历史文脉和美学品质特征，将地域文化传承下去。

创意社区是创新思想的汇聚地，需要功能混合利用，使得思想与信息流动的效率加大，并衍生多样性和活力。创意社区的更大程度的混合利用，有助于形成集聚点，加快进驻艺术家与社区融合，并有助于活动密集叠合的街区的形成，同时也是满足艺术家、设计师及其他创意人对工作、生活、休闲的即时性转换的内在需要。创意社区的规划需要从组织生产、工作和生活有机的视角来强化创造性环境，叠合艺术创意与生活、艺术家与公众、创作与展示的联系，走向多元的融合。

六、从嵌入转化为内生，培育创意生态系统

自娱自乐缺乏联系纽带的封闭式创意难以长久持续，创意产业需要从"嵌入"转化为"内生"，从个案的成功转化为群落的系统性成功，因而需要从关系与结构上来予以系统建构。要形成这一转化，一方面在关系上应从单一经济性目标转化到社会性目标，从单一将设计作为贩卖的短期工具手段，调整到培育本土性长期可持续的社会生活上面。从人们的生活愿景和观念中由内而生，使其真正植根于本土社会，融入到社会生活的循环中。通过地方文化内容禀赋的内在转化，培育形成内生性设计，与地方生活形成真实的"遥契"，与更多的人结成一种观念的共同体关系。

从未来群落整体而言，离开地方性文化禀赋的纽带，这一群落无法与西方真正对话，而只能沦为传话筒。创意产业集聚区的本土性发展有必要从单一模式转向多层次发展，走出单一的范例模式化，应主动渗透到社会生活服务的各个细胞

中，形成社会多层次既有深度又有广度的融合的群落化发展，形成艺术家、设计师、生产者与消费者的多样性关系。另一方面，管理者应从结构上研究如何引导建立起匹配的生产支撑体系和价值支撑体系，促进柔性分散化的生产网络平台的建设，研究它与已有的制造业的协同发展，引导创业者从现有的封闭式创新转向协同创新，进一步形成创新开放的生态系统。应当进一步促进设计、生产和价值转化的媒介的建设，搭建成果呈现和传播平台，建立起价值共享的纽带，吸引形成价值链的合作伙伴互补性协作的开展。最后，引导形成有利于本土性社会生活培育的设计话语权和市场话语权。

第八章
象山艺术社区策划研究

　　本策划研究是依托于"中国美术学院象山艺术社区策划课题组"调查与前期研究成果的基础上进行的深化研究，尤其是环境态组为本研究的继续深入提供了大量一手基础社会调查资料，本研究的许多分析资料都是基于他们的前期调查资料基础之上。城市生长机制组以及生活态组等为本研究提供了诸多帮助，他们的前期研究成果为本研究提供了基础。

第一节　象山艺术社区的策划背景概述

　　所策划的"象山艺术社区"位于杭州市西湖区转塘街道辖区内。2007年转塘由镇转为街道，正面临着城市化新的产业转型期，以中国美术学院与杭州市战略合作对转塘地区进行规划和有机更新为契机，建设"象山艺术社区"，打造转塘艺术之镇，"象山艺术社区"的策划研究正是在这样一种背景中展开。"象山艺术社区"的策划旨在以创意产业拉动城乡发展，探索新型城乡发展的机制与模式。在城市化进程中，创意社区将通过空间地域、环境、产业和文化生活的改造，促进转塘地区社会、经济、环境诸方面的全面发展，切实提升该地区的生活品质。

一、转塘地区概览

　　转塘东起钱塘江，西至富阳，南临双浦镇，北与留下街道接壤，总面积达75.15平方公里，加上回龙、何家埠两村约78平方公里，常住人口5.5万人，流动人口4.58万人，辖24个社区、18个行政村，驻地为转塘直街7号。街道内有古海塘、古桥等众多历史古迹以及中国美术学院、浙江工业大学之江学院等高等学府，龙坞茶村、大清谷景区、白龙潭景区、之江国际高尔夫球场、宋城等大型休闲游乐场所点缀在青山绿水间，形成了杭城别墅聚集的区域。

（一）策划范围

象山艺术社区的策划范围为：二心、两轴、四片。二心：以象山为核心建设的环美院周边地带，凤凰创意国际区域（原双流水泥厂）；两轴：南北向延伸的纵向景观轴，沿 320 国道延伸的横向景观轴；四片：梦圆路以南、美院北路以北，象山路东侧、纵向景观轴西侧，纵向景观轴东侧、杭富路西侧，320 国道以南、鸡山路以北。一期核心规划区域即转塘镇镇区，面积约为 9.7 平方公里。二期规划区域包括转塘镇域以及龙坞镇、之江度假区、浮山片区等区域，面积约为42 平方公里。

（二）城市区位关系

转塘位于杭州中心城区边缘，距城市中心武林广场仅约 15 公里。转塘镇区单元位于杭州西南部，地处西湖区上泗地区。规划用地范围为北至之江国家旅游度假区西湖国际高尔夫俱乐部二期用地及龙坞风景区界线，南至老 320 国道南侧山体，东至绕城公路及狮子山，西至区界，规划总用地 15.19 平方公里，是杭州"三江两湖"（即钱塘江、富春江、新安江和西湖、千岛湖）黄金旅游线必经之地。转塘将建成为之江国家旅游度假区的主要配套服务基地，辐射周浦、袁浦和龙坞等乡镇，区位资源优势明显。转塘的区划定位属于城市化推进区域或城市预留区域。

（三）转塘地区的历史沿革

"转塘"一名出自唐崔国辅诗句"路绕定山转，塘连范浦横"。春秋战国，转塘还是一片汪洋，转塘狮子山是吴越水师的战场。宋时在此设南巡检司察。明清时，属钱塘县，清时设有转塘渡。民国时属杭县。新中国成立后，划归杭州，设上泗区委。1958 年 10 月，撤销乡的建制，设上泗公社。上泗公社所辖树塘、周浦、新宁、龙坞 4 乡。（树塘即转塘）1959 年成立半山联社和拱墅联社。上泗划入拱墅联社。1960 年拱墅联社和半山联社合并，定名钱塘联社。1961 年将钱塘联社的上泗公社划归西湖区。西湖区的上泗公社调整为转塘、袁浦、周浦、龙坞公社。1984 年转塘改社为乡。1985 年 11 月，转塘乡改为转塘镇。1986 年设立建制镇。2007 年 10 月转塘镇、龙坞镇合并，成立了转塘街道。

二、转塘象山的现状

转塘象山的现状梳理（图 8-1）。

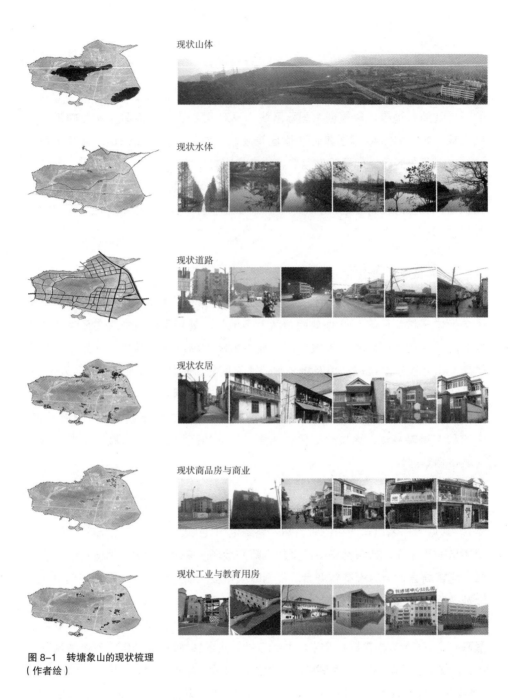

现状山体

现状水体

现状道路

现状农居

现状商品房与商业

现状工业与教育用房

图 8-1　转塘象山的现状梳理
（作者绘）

三、象山艺术社区的创意产业背景概述

　　创意产业正在世界产业经济转型、国民经济发展中扮演着越来越重要的角色，创意产业的发展离不开创意产业集聚区的建设，各种类型的创意产业集聚区正在世界各地获得发展。创意集聚区形式多样，创意社区就是其中最为重要的一类，

比如世界著名的纽约苏荷区、伦敦泰特美术馆艺术区、利物浦创意社区、柏林哈克欣区、巴黎贝西区等。

中国也正在探索由"中国制造"向"中国创造"转变的路径，创意产业成为了这种探索的重要实践。创意产业集聚区在中国也正处于探索阶段，目前我国内地已初步形成六大创意产业集群：以北京为核心的首都创意产业带；以上海为龙头的长三角创意产业带；以广州、深圳为聚集区的珠三角创意产业集群；以昆明、丽江、三亚为中心的滇海创意产业集群；以重庆、成都、西安为中心的川陕创意产业集群；以长沙为代表的中部创意产业集群。

其中长江三角洲区域内的创意产业发展非常迅速，以上海、南京、无锡、苏州和杭州最为典型。上海是我国最早发展创意产业的地区之一，其历史可以追溯至 1999 年诞生地四行创意仓库。目前著名的有莫干山路 50 号（M50）、"8 号桥"、泰康路艺术街、张江文化科技创意产业基地等，在全国的创意产业中具有举足轻重的作用。上海创意产业聚居区数量众多，产业密集，但主要是小规模的办公和休闲功能，没有形成大规模的创意产业基地。南京结合老城区改造，利用旧工业厂房和住宅区改造建设创意产业园，有江苏工业设计园、南京晨光文化创意产业园、石头城文化创意产业带等。苏州延伸上海的创意产业的下游链发展创意产业生产基地。无锡在工业设计方面大力发展工业城的概念。

杭州目前正在建设或规划有西湖创意谷、西湖数字娱乐产业园、之江文化创意产业园、运河天地文化创意园、杭州创新创业新天地、创意良渚基地、西溪创意产业园、湘湖文化创意产业园、下沙大学科技园、白马湖生态创意园等 10 个创意产业集聚区，已经培育形成了高新区国家动画产业基地、西湖数字娱乐产业园、LOFT49、唐尚 433、A8 艺术公社、西湖创意谷等 6 个比较成熟的文化创意产业园区，投入使用的建筑面积达 13 万平方米。在杭州发展创意产业有其内在优势和不足。杭州历史人文底蕴深厚，历来都是人文荟萃之地，拥有着发展创意产业不可多得的文化资源和人才资源。同时浙江县域经济发达，拥有全国最密集的制造业基础，诸多散布于浙江大地的产业集群正面临着转型的关键时刻。但目前浙江制造业的核心技术或创意设计除从国外引进外，还主要依赖于北京、上海等地的输入，有自主知识产权的商品并不多。杭州文化上总体是一种内敛不前卫的文化，她的集仿性远远大于其创新性。

四、总体战略目标——世界级的山水创意文化高地

杭州市委、市政府在《建之江新城、创西湖新业三年行动计划》中提出把之江新城定位为：钱塘江畔的休闲度假胜地、养生居住天堂、创新创业中心、生态示范基地。建之江新城、创西湖新业，全面融入钱塘江时代，实现西湖发展新跨越。

之江新城的建设是推进中国美院发展、推动转塘地区以及西湖区发展的一个良好的契机。认真解读《杭州之江国家旅游度假区及转塘周边地区城市设计》，结合杭州"建设与世界名城相媲美的生活品质之城"的城市战略部署以及西湖区政府提出的"打造全国最美丽城区"建设目标，象山艺术社区的策划明确提出"打造世界级的山水创意文化高地"的总体战略目标。

《杭州城市西部地区（上泗区块）保护与发展规划》中提出打造"品质之江"，实现"一地三区"的新发展目标，即"世界级旅游休闲胜地、生态建设示范区、创新创意产业集聚区、旅游综合服务区"。《杭州之江国家度假区（含转塘）"十一五"发展规划》明确指出之江地区"十一五"期间以"旅游休闲胜地、文化创意中心、生态人居家园、和谐创业新区"四大区域品牌为发展目标。象山艺术社区，要成为杭州市委、市政府提出的"打造之江新城"的榜样，要将西湖区打造为"全国最美丽城区"，实现宜居、宜业、宜学、宜游"四宜"目标的核心区块，要成为建设之江新城的经典、精品之作，努力实现"山水与人文兼备、城区与学府互动、艺术与产业相连"的目标。

世界级是对之江规划目标"一地三区"中的"世界级旅游休闲胜地"概念的进一步延伸（图8-2）。不仅指旅游休闲产业的世界级载体，即成为国际性的旅游度假胜地和生态人居的家园，同时它还指文化创意产业的国际化平台，即打造一个高品质的世界艺术与文化的学术交流平台。世界级的定位，作为象山地区的城市文化建设的目标，全面体现了之江转塘地区的城市未来发展前景和综合优势，呼应了杭州城市的总体战略目标。根据杭州市对之江转塘地区提出的新的发展定位"一地三区"，象山艺术社区作为国家级创意产业的艺术示范社区，以环美院产业作为源动力，以"艺术加盟形态"拉动新型城乡发展，同时通过对空间、环境、业态和生活链的改造，充分发挥优美山水环境和旅游休闲度假区的特色，打造世界级的山水创意文化重地，形成集山水感、时代感、创业感为一体的新型创意社区，促进杭州成为联合国教科文组织创意城市联盟，成为世界城市化进程中的新型城乡发展的新典范。

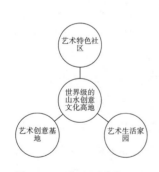

图8-2　一地三区示意图

第二节　转塘地区发展创意产业的劣势与优势分析

目前转塘地区发展创意产业存在着诸多问题，比如：城区缺乏特色，现状布局零乱，居民点分散，基础设施配套较差，缺少有历史文化价值的建筑，当地居民受教育程度偏低等，就其劣势可以归纳为以下方面：

（一）从区位上目前转塘偏于城市一隅，和城市发展主导方向不一致。加上与主城区之间的交通距离较远，缺少主城区高质量的生活配套以及发展创意产业非常重要的"多样性"、"集中性"、"异质性"的活力元素。

（二）现状布局零乱，因城市区位的运输通勤需要，320 国道和绕城高速穿过转塘腹地，快速路以及巨大的车流量将转塘实际分割为几个块，使得整体性大打折扣。国道和高速路在转塘腹地交汇对转塘的生活环境质量也形成一定影响，特别是对于南北向街区联系干扰较大。现有的道路粗放，多为通过性道路，也导致转塘虽然地处杭州"三江两湖"黄金旅游线必经之地，但游客在转塘基本上是"通过"而已，在转塘逗留与消费很少。

（三）转塘镇已形成街区的建筑与街道基本上是直线隔栅布局，军旗式排布，在街道肌理上不利于艺术街区的形成。现有的建筑样式也较呆板，街道与建筑缺少特色，建筑历史与文化价值不高。

（四）转塘居民点分散"疏离"，基础设施配套较差。目前与创意阶层生活匹配的生活环境距离遥远。当地新移民缺乏社区归属感。

（五）地区经济结构不尽合理，第三产业基础落后[1]。过去转塘镇域经济主要是"石头经济"，缺少创意产业所依托的专业市场和可以与之匹配的下游生产链。

（六）自然景观和生态环境需要改善。过去石头开采，给山体留下了不少伤疤，部分山体被整个劈开，原有的植被被破坏，岩石裸露风化。区域内不少工业企业的进驻，也造成了工业的环境污染。

（七）创意产业有赖于当地文化资源的积累，目前转塘在这方面不具有优势。中国美术学院等高校迁入来后，院校文化与当地文化的相互融入仍然需要一个较长的时间过程，创意的文化氛围也还需要一定的时间来培育。就历史而言，虽然转塘曾经是古代"钱塘江鱼鳞海塘"[2]的起点，但几乎没有文化古迹保留下来。当地民俗中的一些珍贵传统也正在城市化与现代化的进程中被日渐同化，比如竹马舞[3]等非物质文化正在淡出转塘人的生活。

---

[1] 第三产业基础落后，目前区域内共有注册企事业单位 396 家。其中涉及工业的有 213 家，涉及工程建筑的有 8 家，涉及服务业的有 42 家，涉及批零的有 58 家，涉及行政事业的有 54 家，涉及房地产的有 3 家，涉及运输的有 14 家，涉及劳务分包的有 3 家，涉及住宿餐饮的有 1 家，另有 1000 多家个体经营户等。

[2] 钱塘江明清古海塘两岸绵延 280 余公里，钱塘江海塘工程规模仅次于万里长城和京杭大运河，与都江堰、京杭大运河并称为我国古代三大水利工程。钱塘江北岸的海塘西起转塘镇狮子口村。

[3] 竹马舞起源于南宋，主要分布在杭州的临安和上泗（转塘、周浦）一带。上泗竹马舞队伍前面是锣鼓队，接着是身穿戏服的演出队，压阵的是大刀旗。表演时，先由举伞人唱，唱词是即兴的，接着由表演队中的演员轮流唱各种戏曲，扮竹马的演员则夹着竹马合着演唱跳起竹马舞。传统上是在春节进行表演，据说跳过竹马舞的猪圈、羊圈等，来年定会六畜兴旺。

（八）人口结构有待改善。高校学生、当地原住民和外来务工者等初级人力资源有余，但高级创意管理与经营人力资源匮乏。创意产业在当地原住民中甚至还缺乏认知基础。中国美术学院学术氛围浓厚，而艺术产业化氛围相对较弱，在产业化人才方面仍然需要引进人才。

（九）高档住宅区的规划和建设，日益抬高转塘土地成本和各项开发成本，使得转塘在发展创意产业上并不具备成本优势。土地成本所带来的连锁反应直接影响到创意人才的创业、居住、生活等成本，过早抬高了在转塘创业的门槛，不利于创意产业的阶段性孵化。

转塘地区发展创意产业也具有自己的优势资源。比如：

（一）就其自然条件而言，转塘具有丰富多样的山水自然景观，之江国家旅游度假区将建设成为世界级的旅游度假休闲胜地，望江山、象山等诸多山体遍布转塘内，上泗沿山河水系较为发达，与山地形成呼应，森林植被茂密，水草丰美。

（二）创意社区策划范围附近有大诸桥、围塘石、白龙塘、镇江石等风景区，相临或相近的有西湖风景名胜区、之江国家旅游度假区、西溪风景区、龙坞风景区、长安沙风景区、富阳银湖开发区、灵山风景区等，转塘正是处于这样一个诸多景区交汇的位置，将对转塘发展创意旅游体验经济提供基础。龙坞茶村、大清谷景区、之江国际高尔夫球场、宋城等大型休闲游乐场所，也可以为转塘带来一定的人流，形成一定的消费。

（三）转塘内现有中国美术学院、浙江工业大学艺术学院等艺术院校。中国美术学院在海内外享有较高的学术声誉和学术领导力，能为转塘带来高规格的学术链接，形成良好的社区艺术氛围。艺术院校所展开的艺术展示、交流、交易活动，将有助于推动之江区会议展览业的形成和发展，将为社区注入新的可能。美院独具特色的校区，丰富了转塘的建筑形式。"考前经济"也将给当地居民带来一定的经济效益，有助于推动文化休闲相关产业链的自然完善和发展。中国美术学院从其创建至今，一直有着广泛的影响力，对于转塘地区改变观念，移风易俗，提升居民艺术涵养具有非常重要的积极意义。

（四）创意人才是创意产业得以发展的源动力，中国美术学院的师生资源是发展创意社区的核心资本，特别是其拥有的一批高规格的学术人才以及遍及海内外的校友资源可以为创意社区的发展带来强大的推动力。美院象山校区每年千余名的毕业生，主要从事平面设计、工业产品设计、服装设计、玩具设计、家具设计、陶瓷与玻璃艺术品设计、动漫艺术设计、城市规划、建筑、景观、文化形象、公共艺术设计等，这些专业都具有产业化的潜力，将有利于形成环美院设计产业圈。

（五）转塘依托杭州，位于中国经济最发达的长三角地区，经济实力具有较大的后盾支撑力量，浙江历来具有创业与经商优势，只要具有足够的创业环境优势，人才和资金就会吸引到这里来。

如何在转塘发展创意产业，需要针对现存的不足劣势点进行有目的地改善并扩大已有的优势点，对于各个问题进行解答。

第三节　空间有机更新

一、以杭州城市美学构筑艺术街区

对比杭州城市肌理（图8-3），转塘地区（图左上）建筑街道所形成的"栅格网状"结构特征明显，主干道或街道走向与山体河流缺乏有机联系，街区的格局比较粗放和生硬，过于人工化，与杭州其他城区肌理区别较大。比如杭州湖滨、吴山一带（图右上）街道与山体、湖泊结合比较理想，自然婉约柔美，具有杭州魅力。再比如运河湖墅一带（图左下）街道与建筑的布局与大运河有机结合，同样在肌理上体现出杭州城市的山水特质。即使是彭埠镇一带（图右下）村落与田埂的自然肌理仍然还是保留比较自然。从这个角度出发，应该以象山艺术社区策划作为一个契机，来柔化原有规划过度的人工痕迹，从自然的肌理中汲取睿智，寻求未来街区构筑的肌理形态。

图8-3　转塘与杭州其他城区等比例肌理对比图

区位的空间分异理论认为，高价值的研发和创新环节向着信息、知识富裕地方集聚，创意产业即具有这种特征。信息与知识的载体是人，而街区是人们的汇聚之地。我们很难想象一个无趣的街道能成为"有趣"人的主动选择的聚集地，只有有趣的街道才会吸引载着信息与知识的"有趣"人逗留与汇聚，不论这样的街道是位于大城市或是小城镇。因此，创意社区离不开艺术街区。从艺术家酝酿创意的角度，历史学家巴曾（Jacques Barzun）认为："对创意人来说，闲逛其实是一种效率；不论大小，任何创意人都无法跳过这个阶段，就像一个母亲无法跳过怀孕的过程一样。"[1] 而街道正是这种可以闲逛，获得信息与知识，酝酿创意的场所。从街区与创意生活的角度，迈克尔·索斯沃斯认为，街道格局对社区的品质具有十分重要的意义。[2] 按照他的观点，"共享街道"以及静谧而安全的"尽端路"是社区品质不可或缺的，"非连续性的短小街道系统——与格栅不同——可以增进邻里间的了解、家庭关系与互动"，然而这种共享街道正是目前转塘的社区街道极其缺乏的。具有风情的街道，将为社区增添魅力，也将有助于未来社区中艺术家和各种创意阶层被街道风情所吸引，走上街头，融入社区，获得彼此频繁交流互动，为整个社区增加多样性的创造力和社区活力，使得创意社区成为信息与知识的富裕地方。创意社区需要赏心悦目的事情就在身边，而这种赏心悦目的获得需要街道的设计与规划充分尊重自然，尊重城市的美学品质特征，将城市的文化传承下去。

杭州的湖光山色糅杂着 2200 年的建城历史，在"三面云山一面城"的格局中形成了其独特的城市气质，正是这种气质吸引着文人墨客和各种文化艺术人士钟爱杭州。杭州城市与自然山水融合，形成了其清新典雅的形式美、山水交融的特色美、精致大气的品质生活美的城市美学特征。转塘是杭州的一部分，象山艺术社区需要从杭州城市的美学特征中汲取营养。转塘历史上曾有过的"路绕定山转，塘连范浦横"的路随山转的山水意象（图 8-4），形态优美的山体以及蜿蜒曲折的河流，这些都是大自然的馈赠，为转塘提供了非常优秀的自然环境。因此在象山艺术社区，需要对现有的街区进行深入的梳理和营造，在现有的公路与城市主干道路基础上，努力再造曾经的意象，修复自然肌理，并尽可能在次级街道规划营造上柔化主干道已经形成的格栅网格的过度人工化。

象山艺术社区未来的街道和次级道路需要在自然肌理融合上下功夫，在街区的街道组织上尽可能多地避免现有的直线格栅网格的街道布局，因地制宜地形成尽端路与环形街道布局。

---

① 赖声川. 赖声川的创意学 [M]. 北京：中信出版社，2006:228.

② （美）迈克尔·索斯沃斯. 街道与城镇的形成 [M]. 李凌虹译. 北京：中国建筑工业出版社，2006:106.

图 8-4　历史记载中的转塘

二、延续生长脉络，以大渚桥新村更新为例

转塘现有的建筑类型总体上分为三类：第一类为相对分散的工矿企业的工业建筑。总体建筑形式比较简陋，甚至许多都使用的是临时性建筑材料搭建，这部分建筑总体需要拆除。第二类为近年新建的校舍和高档住宅。第三类为已经形成一定的人口聚居的住宅小区或自然村落。这类建筑布局在一定程度上肌理比较自然，其建筑与街道发展形成比较自然，需要避免大拆大建。特别是肌理非常自然的自然村落，需要避免"革命性"的改造，而应因地制宜有选择地进行保留、更新和局部改建。需要详细分级针对每一个具体的建筑、环境、局部景观进行保护与整合，确定空间更替、内容置换和新建类型的思路。

以大渚桥新村改造为例，大渚桥新村在 20 世纪 80 年代总体上已经形成了转塘直街的形态。早期的转塘直街形成过程相对缓慢，街区具有较好的有机自然形态（图 8-5）。

20 世纪 90 年代是大渚桥新村迅速发展的阶段，街区主要是向西扩展，大量的格栅式建筑排布的肌理出现。至今，大渚桥新村已经发展为转塘地区人口聚集最为稠密的街区（图 8-6、图 8-7）。

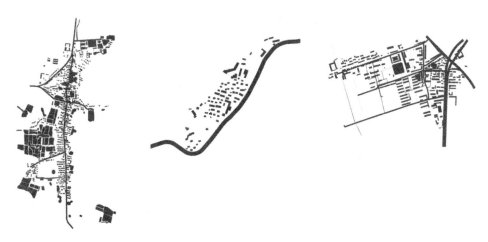

图 8-5　凌家桥村、双流村、大渚桥新村的肌理对比

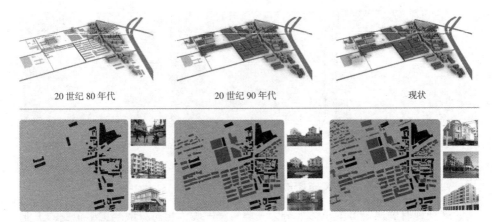

20世纪80年代   20世纪90年代   现状

图8-6 大渚桥新村的街区肌理变迁示意图

●转塘核心商业街区

图8-7 大渚桥新村的核心商业街区现状

大渚桥新村的街区蕴含着一定地缘历史积淀出的有机性，并在其建筑的样式上也体现出一种多样性，同时夹杂着一定时期浮躁无序发展的很人工化的痕迹。在大渚桥新村的改造更新中，我们需要循着原有的自然的生长脉络，对有机自然的肌理进行保留和更新，对人工痕迹过重的格栅布局建筑进行改造（图8-8）。

三、内容置换，构筑非正式交流场所

在改造中，通过创意产业内容置入，逐步更新大渚桥新村的商业业态（图8-9、图8-10）。非正式交流场所往往超越了家庭、职业和社会关系，促进了人际交流，因而有助于凝聚创造力，形成社区的活力。不同的公共空间是聚合不同亚文化团体的场所，并有利于这种文化团体的发展。我们的目标是让在人们可以很容易地在街坊中发现与自己兴趣爱好相一致的"圈子"，并促进艺术家与社区居民通过这些公共空间进行融合，形成创意生活与创意环境的良好氛围。

农居建筑现在主要以居住为主，或是极少的居住商铺功能相结合。未来的设计将会对这些建筑进行整体改造，对建筑单体的功能给予全新定位，不再单纯以居住为主要功能，将会有更多的以时尚为主的艺术商铺或是工作室迁入其中，将成为一个以时尚为主的商业步行街。

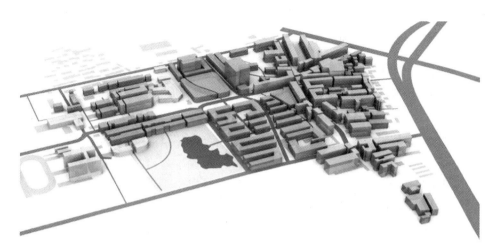

图 8-8 梳理后的街区

图 8-9 大渚桥新村创意产业内容置入示意图

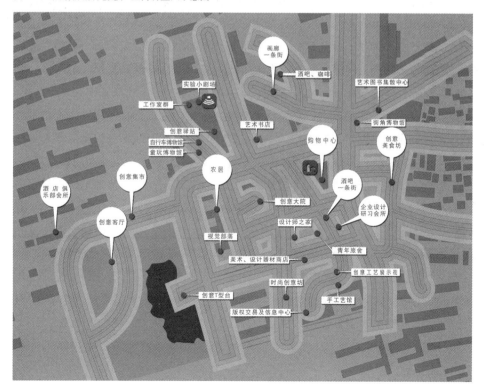

图 8-10 大渚桥新村商业业态更新

四、空间混合利用，构筑集聚点

创意社区的建设是为创造力"创造"空间。威尔布尔·汤普森（Wilbur Thompson）曾形象地把创造力空间比喻为一个巨大的立体"咖啡屋"，各种文化在这里激荡。碰撞出火花，点燃新产品和新进程之火。毋庸置疑，创造力与多样性文化和频繁地相互交往密切相关。因此如何促成多样性发展以及为社区中的交往提供多种可能是我们思考创意社区空间的重点。

佛罗里达指出创意工作环境即是人的生活环境，"实际上，把工作和人的问题分割开是个错误。这两者是相伴相随的。"[①] 在他的描述中，创意集群的场所具有社区生活的多义性，在这种环境中，生活与工作相互融合，具有很强的半工作混合性质，因此创意产业集群往往集生活、工作、展示为一体。对于这种环境，集群所连接的并不仅仅是场所容器本身，而是社区中人群难以预测的互动，并由这种不确定的互动催生出的各种创新思想。因此，创意集群不同于传统的产业集群，创意集群是具有共同体的社区属性，有明显的社区交际特点，创意社区的空间需要方便这种活动的展开，比如：密集的展演活动，成员间非正式的经济交流和彼此提供服务等。

雅各布斯在其著作《美国大城市的死与生》一书中指出，社区的活力来自多样性，多样性为社区带来生命力，提出在首要用途基础上的多样性利用概念。在整理创意产业与传统产业的区别中，发现创意产业的生产组织更具有非线性逻辑的特征，传统的产业集聚区的功能分区并不能直接适用于创意生产。那些生机勃勃的创意社区往往是在空间混合利用中奠定其竞争优势。因此在象山艺术社区中，在空间的利用上，我们需要调整传统的功能分区策略，进行功能相互叠加的混合利用，比如设立"创意社区综合体"为创意工作、生活、购物、展示、休闲等提供服务；设立多义空间，来应对创造力空间对多样性的要求。在混合利用的原则上，我们需要为各种文化艺术机构、设计团体、中介媒体、创意个体等提供进行自由实验混合的试验区。

打造创意农居 SOHO。如何让艺术家和设计师们获得支付得起的工作室和生活空间，是创意社区吸引艺术人群聚集的重要条件之一。通过改造现有农居，为艺术家或设计师营造"支付得起"的空间（图 8-11、图 8-12）。创意农居 SOHO 具有一定的随意和松散特点，比较适合于那些艺术家、文化人、设计师、工艺师和拥有各种才能的自由职业者。

---

① （美）理查德·佛罗里达 . 创意经济 [M]. 北京：中国人民大学出版社，2006:42.

图 8-11　转塘现有的典型农居建筑

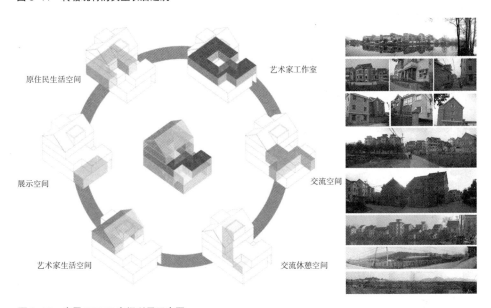

图 8-12　农居 SOHO 空间利用示意图
（作者绘）

五、在山水的基质中生长社区

　　良好的自然环境是进行艺术创作获得创意灵感的绝佳场所，如同毕加索所言：
"艺术家经历'满'及'空'的阶段过程，这就是整个艺术的秘密。我在枫丹白
露森林中散步，对绿色消化不良；我必须把这感觉倒出来，成为一幅画。"画家在
自然环境中获得灵感，进行创作。建筑师赖特更进一步的认为："大自然是我的
上帝的化身。为了得到灵感，我每天进入大自然中。在建筑中，我使用的原理就
是自然在它的领域中使用的原理。研究自然、爱护自然、接近自然。它永远不会
让你失望。"原生态自然环境对于设计工作的启发，其意义就更大了。

　　创意社区的建设需要结合自然山水，让自然山水向城市渗透，同时将自然资
源结合城市道路、公园、绿地形成绿色体系，在山水的格局中发展创意社区。如
果城市与自然的关系更加紧密，能充分挖掘现有生态优势，利用山体自然景观，

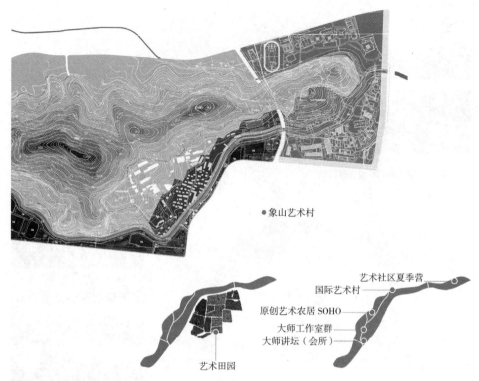

图 8-13　双流村发展艺术村落示意图
（作者绘）

连接水体形成网络，营造城市自然景观，那么在此环境中的创作与生活都将更加惬意。综合治理有机梳理水体，沟通水系，连接南北水域，形成一个有机的水网，充分利用现有水体，营造沿河景观带。象山艺术社区的建设需要从对自然山水的结合中，设立各种类型的工作室建设，培育出艺术工作室的集群，将其打造成艺术家们钟情的艺术创作基地（图 8-13）。

　　在改造自然的过程中，把生态可持续发展作为和谐建设的重要原则之一，尽量在保护原有自然环境原貌的前提下，利用环境中的现有建筑，因地制宜地改造，从而减少人对自然的破坏。打造以艺术家公共雕塑、植物、景观、水体、地形、设施、园林建筑、园路所组成的生态艺术公园。通过功能叠加，山水融合，营造滨水带的生态化走廊。发挥水体在地块间进行景观联系的优势；通过架空人工建筑物，维持陆地、水面和生物链的连续性，尽量保留、连接生态湿地；设置居民临水活动空间，丰富滨水景观，满足了市民近水、亲水的要求。努力营造创意产业空间与自然山水相互融合，在自然的山水基质中培育具有象山特色的创意产业。针对象山艺术社区，其具体举措如下：

　　（一）残缺山体整合，山体上人工痕迹和矿坑残缺部分进行的自然化处理，营造景观。

（二）发展创意景观农业，保留象山脚下部分耕地作为景观创意农作的发展用地，营造社区中的创意生活与创意环境氛围。

（三）斑块水体有效连接，活化自然水体，减少水体周围硬质铺装环境，运用原生态种植水生植物及周边植物的方式加强其水土保持及水体净化功能，并且适当敞开边缘水体，为人与自然水体的亲近创造更多可能性。

（四）社区建筑立体绿化，即在保持原有山水大格局的情况下，将绿色景观渗透至社区的建筑空间中。

（五）雨水循环利用，雨水收集方式有屋顶盆面，屋前汲水系统等，收集净化后进行再利用。

（六）建立社区居民的环保意识，开展各种喜闻乐见的活动，培育社区居民生态环境的保护意识，完善垃圾分类系统。

第四节　创意社区创意产业

一、创意社区产业定位

象山艺术社区产业的发展方向是文化创意产业，包含了设计、艺术品、古董、出版、动漫、旅游、手工艺品、时装设计、传媒、游戏、电影、会展、画廊、博物馆、加工制作等创意行业。文化创意产业领域，能衍生出相应的文化创意产品。如艺术品（书画、手工制品……）、工艺品（雕塑、旅游纪念品……）、工业品（影视作品、书刊……）等。

按照功能划分，概括为以下六大方面：

（一）创意设计、研发、办公为主的业态形式，如工作室、设计公司等；

（二）以时尚、新体验为主的业态形式，如 DIY 手工作坊、艺术品零售等；

（三）以物流为主的业态形式，如艺术图书、器材、艺术品市场等；

（四）以产品加工为主的业态形式，如产品打样中心、创意作坊等；

（五）以创意展示为主的业态形式，如小型美术馆、博物馆、画廊、展览等；

（六）以休闲、娱乐、旅游为主的业态形式，如旅游纪念品交易中心等。

二、创意社区共同体生态与发展策略

（一）创意人才与创意机构

社区内高校学生、当地原住民和外来务工者等初级人力资源有余，但高级创意管理与经营人力资源匮乏，特别是在产业化人才方面尤其缺乏。创意人是创意社区的核心，如何引进创意人才、留住创意人才和培育创意人才是创意社区核心建设内容。

1. 打造国际大师级工作室群，以行业领导力带动创意集群。

2. 设立国际艺术村，开展全球艺术家、设计师短期进驻交流资助计划。每年设立社区主题，通过程序筛选来自世界各地 4 位艺术家或设计师候选人为期一个季度至半年的进驻，进驻期满就其在社区内的创作成果在美术馆展出，拓展社区多元文化视角。

3. 启动期对进驻创意机构进行税收减免。

4. 完善安全、医疗卫生、文化教育、生活、娱乐休闲以及基本配套设施。

5. 设立知识产权保护法律援助组织和基金，对社区内注册企业提供打击盗版免费知识产权法律援助，对社区内原创艺术进行保护。

6. 建立多层次的孵化体系，支持人才创业。

（二）配置性公共产品和场所

1. 需要规划和建立起相应的公共产品和服务，以发挥其配置性功能，以第三方非营利组织机构来经营。

2. 建设小型公共美术馆，为社区进驻单位和个体提供作品展示空间，并为社区公众活动提供一个学习与交流的场所。

3. 建设小剧院，为各类实验剧目引进社区提供一个展演的舞台，促进社区内艺术的多元化发展。

4. 资助建立各类合作机制的博物馆，建设社区文化氛围。

5. 设立社区共建计划，加入进驻计划者可享受相应的社区福利，但不用履行相应的义务。向社会访问者开放艺术工作室，每周设立一天向社会公众开放，为艺术人文体验经济在社区发展提供公共资源。在启动期，设立工作室轮值举办展览活动制度，每季度为社区提供一个艺术交流或展示活动。

6. 建设国际青年旅舍，为各类短期来访者提供一个驿站和交流空间。

7. 在符合村民意愿的情况下，鼓励村民优先将闲置工业厂房和可利用的居民住宅租给艺术家、创意公司。

（三）专业市场配套

目前社区内，第三产业落后，在完善相应的配套外，需要发展专业市场配套。

1. 积极引进画廊、策展人、博览会机构、拍卖行以及各种艺术与设计中介机构等。

2. 建立协作，与境外艺术区建立联系，组织资源互换交流。

3. 引进跨国艺术机构，获得境外市场的链接。

4. 积极引进专业市场经营、管理人才。

5. 设立企业集团设计研习会所，为传统企业获取设计资讯信息以及相关继续教育提供服务，为设计的组织机构市场建立配套渠道。

6. 设立美院海外校友象山俱乐部会所。

7. 每年举办一次大型"国际象山创意博览会"，链接各种市场资源。

8. 打造"象山创意星期天市集"，为创意观念和产品培育市场，培育创意生活与创意环境。

9. 打造"象山版权情报中心"，发展各类艺术创意符号、图形、图像版权、外观专利输出与引进的交易市场，建立国内最权威的评估组织体系，为版权提供一个交易平台。

10. 建设"象山艺术图书信息集散中心"，建立艺术图书出版发行与交易平台。

11. 建立展览协助机制。

（四）专业生产配套

专业的生产配套发展程度，往往决定着创意社区中创意产业发展的程度。

1. 构建加工基地，建立可供工业设计、服装设计、平面设计、陶瓷、玻璃、印刷等创意产品的综合打样与中试配套。

2. 引进专业艺术书吧，打造具有交流、休闲等综合性功能的艺术资讯点。

3. 设立图文商务服务中心，为创意提供图文打印等商务配套。

4. 设立效果图、模型制作、多媒体演示制作等配套点，引进多类型的效果图公司、模型公司等，提高创意社区创意设计配套服务。

5. 设立社区网络创意信息资讯发布平台，打造网络信息平台。

6. 设立劳务服务中心，为社区劳动力提供与需求搭建平台。

7. 设立闲置房产物业和设备租赁中心，为进驻的企业或个人提供物业租赁资讯，使物业供给与需求信息对称，加快要素使用效率。

8. 建设美术、设计、制作设备器材专业市场，将其打造成为国内更全面和更专业的市场，供应绘画器材、设计工具、各类设计软件和硬件以及广告制作设备等。

（五）地方政府

设立创意社区管委会，进行政策制定，协调各方利益，并提供与之相关的各种公共产品和服务。

1. 完善基础设施和商业、社交、娱乐、休闲、体育、医疗、卫生、通讯、邮政等生活配套。

2. 制订相应的文化经济政策，推动社区文化发展。

3.　建设公共美术馆、小剧场及相关的公共配套设施。

4.　制定创意产业孵化政策，促进产业的培育，并进行阶段性战略政策调整。

5.　制定和落实各类人才引进政策。

6.　制定文化支持政策，支持文化的多元发展，积极展开社区居民宣传教育，形成合力。

（六）社区组织

在政府发挥作用以外，还需要有社区民间非官方（或半官方）的管理组织来切实落实推动创意社区的各项事业发展，与政府机构一道协同发挥作用。

1.　设立象山艺术社区投资建设发展公司，以企业实体形式负责社区项目开发经营与管理。

2.　建立创意社区促进会专家组织，对社区发展建设以及各类企业进驻进行审查和指导。

3.　建立社区志愿者组织，维护社区环境。

（七）专业组织

创意社区中的专业组织包括各种行业协会的分支机构，这些专业组织为创意社区带来一个专业领域的链接，为创意社区在学术影响、艺术创意人才、创意资源、艺术文化信息等方面带来拓展。

1.　引进各类专业协会组织设立象山艺术社区分支机构，链接各类协会专业资源。

2.　发展创意社区的专业联合团体性组织，促进创意社区集聚规模的发展，形成更大的溢出性。

3.　设立各类年度国际专业竞赛奖项及设立竞赛评选、展览场馆，链接各方专业资源。

4.　以创意社区建设为契机，进行艺术场馆建设项目设计合作，并在全球范围内招标。

（八）中国美术学院及培训机构

大学是重要的知识溢出源，是学术、科研、创新的发源地，应当合理地利用中国美术学院的资源，推动师生融入创意社区，参与社区共建。教育培训机构为社区中创意产业的从业人员进行职业技能上的培训，以提升从业人员的职业素质。作为一种社区服务和产品输出，同时也发展非职业培训。

1.　设立中国美术学院科技园，以实体产业科技园的形式，促进学院知识溢出与成果转化。

2. 完善社区生活基础配套，加快学院与社区的融合。

3. 对于美院教师在创意社区设立工作室予以一定优惠的政策支持。

4. 发展人才经济廉租房，对美院青年教师及毕业生居住于转塘给予政策优惠。

5. 启动期为毕业生留在社区创业设立鼓励政策，并每年定向扶持 10 家创意工作室。

6. 每年假期设立不同主题的"社区实践奖"，鼓励学生深入创意社区进行社会实践，并将其实践内容在社区展出，鼓励学生与社区互动。

7. 发展艺术职业培训机构，对学历教育进行补充，迅速对接人力市场需求。

8. 引进各类培训机构，分层次发展非职业艺术培训，满足人们对艺术的爱好，向外输出社区特色教育服务产品。

9. 发展社区就业职业培训，为社区发展输送人力资源。

10.适度引导美院考试培训经济。

11.设立创意社区夏季营，面向海内外吸收学员展开主题互动艺术培训。

12.设立大师讲坛会所，开办高层次专业领域培训讲座。

（九）投资人及金融机构

各种类型的投资人在创意社区中扮演着另一个重要的角色，为社区各项事业的发展进行投资。金融渠道的健全，有利于版权、专利或者创意的产业化运作和转化，使得优秀的创意观念能够获得孵化和生产的转化，加快各种创意要素资源的综合利用，最终促进社区的发展。

1. 设立产业加盟机制，鼓励社区原住民参与创意社区事业，鼓励其以资金或闲置住宅进行加盟。

2. 对于启动期进驻创意社区的画廊、艺术设计中介机构给予优惠待遇。

3. 除政府投资建设艺术场馆外，还应积极吸纳企业、基金会组织投资艺术场馆，启动期对于博物馆、美术馆等艺术场馆的发展商给予优惠待遇。

4. 拓展多类型的投资渠道。

5. 在阶段性的发展中，对各种类型的投资予以区别待遇，对具有集聚效应和公共产品性质的投资给予政策优惠。

6. 健全金融渠道，完善社区金融网络。

7. 为投资社区创意产业的企业和个人开辟金融绿色通道。

8. 设立创意社区风险投资基金，对具有发展前景的创意企业进行风险投资和孵化。

9. 吸收各类企业投资资金。

10. 设立创意社区人才基金，对各类人才进行资助，促进其发展。

11. 设立社区培训基金，促进社区居民就业。

（十）营销渠道

创意社区本身的招商，以及进驻企业创意产品的分销和零售渠道对于社区的发展不容忽视。如何将创意社区链接到有效的销售网络中，直接关系到创意产品再生产的是否可持续。

1. 走出去，建立创意社区的主动营销推广机制，在各地区设立营销触角。

2. 请进来，组织开展多门类的创意邀请展，展开广泛的合作，多渠道承接设计外包服务。

3. 设立一年一度的创意博览会，扩大影响力吸引各地代理商家，完善销售网络。

（十一）社区产品和服务的消费者

观众、听众和创意产品的消费者为创意社区创意产品提供了消费动力，推动创意社区生产的持续进行。

1. 以密集的创意活动营造创意生活与创意环境，培育氛围。

2. 发展创意体验经济，培育市场。

3. 定期开放艺术工作室，开发创意旅游经济。

4. 开展多形式的非职业兴趣艺术培训，培育市场。

5. 以创意社区为主场地，每季度开展一次市民们喜闻乐见并可以广泛参与的趣味娱乐创意大赛。

6. 针对设计服务，扩大与组织机构市场的联系。

创意社区是一个复杂的生态系统，只有在以上 11 种要素彼此协同发展的基础上，创意社区才能呈现其发展的活力。对于创意社区的建构，首先需要健全这 11 种要素，在此基础上创意社区的生态网络系统才能被建构。在健全这种网络系统基础上，如何活化这些要素，让其具有真正的创造性生命力，将最终促成一个生机勃勃的创意社区的诞生和成长。

三、创意社区产业布局

象山艺术社区的创意产业布局采用"首要用途，混合利用"的分区原则，分为六大区块（图 8-14），它们是：（1）创意时尚体验区；（2）创意生活街坊区；（3）创意社区综合体；（4）创意配套体；（5）艺术创意园区（凤凰创意谷）；（6）工作室群。

图 8-14　创意社区产业布局示意图
（作者绘）

（一）创意时尚体验区

由于此区块位于美院北面，系原转塘中心区，在区位上，是连接主城区的方向，已经具有一定的人气优势。首要用途是发展创意体验经济和时尚经济，其是艺术创意与城市商业交汇区，是时尚发布、创意娱乐、特色培训、动漫体验等的场所，主要服务人群是创意产品消费者。

（二）创意生活街坊区

首要用途是发展实验剧场、酒吧区、创意集市、手工艺（玻璃、金属工艺、布艺、饰品等）作坊工作室等，是艺术创意、综合艺术与生活休闲的混合利用区。

在美院周边地区，共同打造一个以原创品牌为特色的新时尚街坊。新时尚街坊将促进 100 个原创品牌进驻，成为杭州乃至全国以原创、手工艺产品设计和销售为代表的艺术时尚之地。

（三）创意社区综合体

社区综合体是创意社区最集中混合利用的区域，作为城市综合体来打造。构筑一个包含创意工作、休闲娱乐、培训展示、商业服务、信息交流、生活居住等复合功能，空间混合利用的创意社区综合体。地块处于未来创意社区的中心区域，是环美院发展与凤凰创意谷的连接门户，地理区位极其重要，是创意社区创意集群至关重要的产业集聚点和未来的扩散中心。适合建造美术馆、小型展览中心、工艺馆、工作室群、高档写字楼、宾馆、社区运营中心、信息中心、企业集团创意总部等，吸引高级设计公司和知名艺术家入驻。同时地块处于320国道附近，交通便利，方便商务出行。

（四）创意配套体

首要用途是艺术物流和专业市场配套、生产配套区。涵盖的版块有图书集散、国际创意展览中心以及产品加工区。由于地块处于320国道旁，具有便利的交通优势，方便物流运输和交易人群的往来。同时，地块处于政府农居点附近，具有人力优势，可以解决当地居民的就业问题，充分发挥劳动力的功能。

（五）艺术创意园区（凤凰创意谷）

涵盖的版块有凤凰创意国际、创意工场。由于地块地域偏僻，相对比较安静，有利于创意工作者的工作发挥。地块周围土地宽裕，能够有场地展示创意产品，举行小型展示和秀场活动，也可作为创意产业的孵化基地。

（六）工作室群

位于象山南麓，是吸引大师规格工作室的集群区。利用已有农居和院落进行改造，是农居SOHO的实验场所，结合院落、小桥、流水、艺术田园等打造成世界高规格的工作室群，吸引相关领域顶尖大师进驻，成为象山艺术社区艺术领域领导地位的标杆。其东面设有国际艺术村，开展国际艺术家进驻计划。

象山艺术社区的创意产业在混合利用的基础上，布局有主有次，其核心区功能布局如图所示（图8-15）。

四、创意社区产业发展策略

以美院周边地区和凤凰国际的两点一线区域为核心，并辐射至周边地区，营

图 8-15　创意社区核心区功能布局图
（作者绘）

造具有足够吸引力的设计创意孵化器与设计创意基地。从设计创意群体的集聚规律出发，以创新型思路打造新型的创意园区，采用农居 SOHO，厂矿 LOFT 等多种多样的形式，以及居住、创作、经营相混合的各种类型。与周边地区的发展共生，创建网络化、加盟型的创意社区。

中国美术学院象山中心校区专业设置主要与创意产业有关，比如平面设计、工业产品设计、服装设计、玩具设计、家具设计、陶瓷与玻璃艺术品设计、动漫艺术设计、城市规划、建筑、景观、文化形象、公共艺术设计等。美院将在一年内促进 100 家设计创意工作室入住，3 年内促进 300 家设计创意工作室入住，形成具有国际影响的象山艺术社区设计创意集群（图 8-16）。

（一）打造多元的创意部落

在双流村、凌家桥村等村落通过政策引导，自由发展艺术村落。

● 分区域发展方向示意图　　　　　● 群落分布示意图　　　　　●配套支持示意图

图 8-16　创意社区发展策略示意图
（作者绘）

（二）构建叠合的艺术网络

转塘的创意部落就是创意社区的活跃细胞，散布在转塘的各个地方。平时状态下，创意部落承担了居民之间的社交功能，也承担了艺术的传播宣扬功能，而在特定的展览状态时，可以联合承办整个创意社区的主题展览，构建不断叠合的艺术网络（图 8-17）。

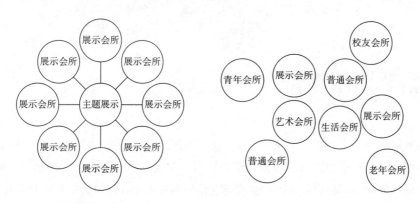

图 8-17　展示空间的两种状态

第五节　构筑艺术网络

一、艺术人群的分布

艺术人群主要分布在美院及其周边，以及 320 国道以南的村落中（图 8-18）。

二、梳理快速交通

对规划区域内快速道（国道主干线、城市快速干道、地方公路）的建设应综合考虑其功能要求、对环境的影响，作出以下构想（图 8-19）。

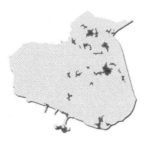

艺术人口聚居现状示意

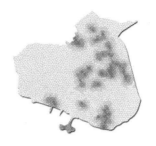

艺术人口活动区域现状示意

图 8-18 创意社区的艺术人群的分布

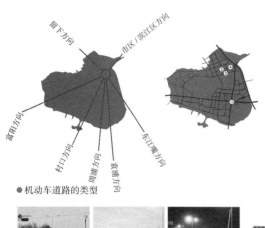

● 机动车道路的类型

①地点：杭富路与320国道交叉口

②地点：转塘横路

③地点：美院北路（美院北2号门以西路段）

④地点：转塘直街至公交总站
● 320国道的改造示意

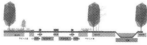

图 8-19 梳理快速交通
（作者绘）

● 公共交通调整示意
现状转塘的公交线路

现状公交线路首末班时间

调整后转塘的公交线路

调整后公交线路首末班时间

（一）快速可达：建设大容量快速的轨道交通方式。在主要干道上设置公交车系统，缓解镇内交通压力。同时，建议杭州地铁线在转塘站点设置多个出口，就近建较多的客运中转站。

（二）安全舒适：在主要机动车交通道上，明确中央绿化分隔带、互通立交、公交停靠站等，禁止非机动车通行，减少人流对道路的干扰。

（三）绿色视觉：沿途景观建议大尺度、大色调、流线型，比例要协调。园区内部，改造为限时机动车道，实行以步行为主，夜间部分时段开放货物运输等机动车道。

三、构建慢行交通

新都市主义发现舒适居住环境的最大秘密就是步行环境。一个街区的根本要素是可步行的街道、人的尺度的居住地块和可以使用的公共空间。人们只有能够在社区中进行步行活动，才能带来对社区的感受。也才可以参与社区的社会活动和社会联系，以及可以真正体会社区的舒适。形成步行环境的最重要的手段是创造公共领域，即在一个开放的公共空间中，人们才会体会步行的舒适。步行环境和公共性已经成为当代城市设计最重要的元素。

慢行系统是城市交通的"毛细血管"，也是人们生活情趣和细节享受的场所，改善步行空间，加强亲切感、围合感和识别性，提出营造漫城的构思。功能分布上采用各种类型功能混合、叠合的方式，将其散步于各个地块。在场所的营造中，提供更多的开放空间，将置入的环境和多样化的功能以网络式的结构进行设置，从而提升各地块的区块活力，并实现空间的网络与信息的网络进一步延伸。

漫移动系统是对转塘内外交通联系、区内交通路网系统，本着环境友好、降低成本、降低污染、提高效率、安全性和生态显示度的目的提出的生态工程建设方案（图8-20）。转塘要实行生态和旅游的良好发展，需要尽量减少机动车的使用量，落实"公交优先"，建议尽可能增加步行和骑自行车出行所占的比重。通过增加公共交通和步行吸引力的方式，来减少频繁使用机动车的出行比例，从而改善城市的环境，降低城市的能耗，并设立自行车租赁系统。

设立一条由北起中国美术学院职业技术学院，经过转塘直街、中国美术学院、双流艺术村，在320国道处由地下隧道穿越，南至之江文化创意产业园区的自行车专用道路，串联起艺术网络。

开发河道，利用已有河道改造，发展皮划艇、游艇等体育休闲项目。

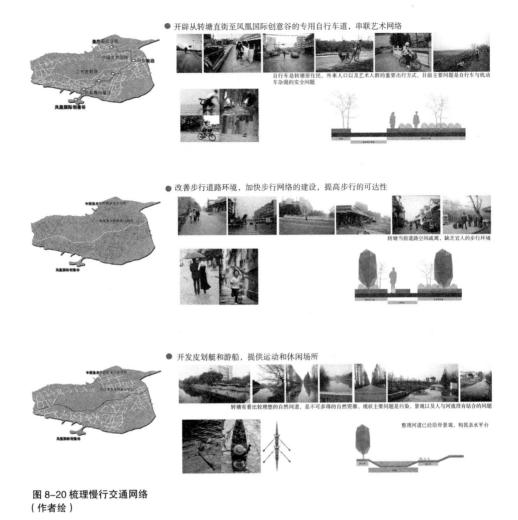

图 8-20 梳理慢行交通网络
（作者绘）

第六节 创意社区的发展及实施研究

一、象山艺术社区的发展策略

创意社区的建设是促进转塘由"石头经济"向"艺术经济"转型的一种实践，是提高杭州城市国际竞争力的一种实践，是建设创新型国度的一种实践，是促进中国从"中国制造"走向"中国创造"的实践。通过对转塘空间、产业、生活形态的改变，使得转塘成为创意集群的基地和平台、艺术的家园、创造的摇篮，最后提升转塘地区的城市文化与生活品质，实现共生的社会形态和多元的价值。象山艺术社区的建设探索，作为中国文化城市建设的率先实验，既具有针对转塘地区发展的现实意义，更具有重要的历史和文化价值。通过对文化资源的有效整合，挖掘文化产业创造力，培育创意经济，带动转塘地区的社会、文化、经济的全方位进步。将创意产业优势和艺术特色城区的综合文化优势结合，将政策的扶持与培育和创意创业的市场机制相结合，发展具有城区、校区相互融合的创意社区和景区、园区相互交汇的创意社区，从而充分汇聚各种力量，构建社会、文化、经济全方位进步的城乡发展新模式。象山艺术社区的总体发展计划，将沿着地域范围、产业定位、生活体系、社区文化、组织体系五个方面展开进行。其中，创意产业、日常生活体系的艺术化提升、加盟形态的产业整合机制将作为创意社区的先行策略，从而达到"占领高点，改善环境，融合力量，循序渐进"的现实效果。

二、象山艺术社区发展模式研究

创意产业集聚区在我国各地形成了各种不同的组织模式，总体分为自发模式、政府主导模式、政府主导开发商运营模式、开发商运营模式以及混合模式。各种模式均有其合理的优势也存在着不足，鉴于象山艺术社区的实际情况，创意社区尚处于启动阶段，可依托的场所资源、基础设施、艺术生活氛围等不足，因此需要调动社会各方面的力量和资源，协同发展，应以混合的发展模式为主，即以政府的力量发展创意产业园区、产业孵化园、配套体以及艺术街区等基础设施的营建；通过转塘和进驻艺术家民间资源自由组合发展艺术村落、艺术据点；同时吸引社会资源打造社区综合体及具体的商业项目（图 8-21），以各界的合力推动创意社区的建设和发展。

三、象山艺术社区文化建设

（一）让新移民从地缘信息的认知，获得地方社区关系的结合

1. 设立转塘"海塘会所"

钱塘江古海塘工程规模仅次于长城和京杭大运河，自明清以来，鱼鳞海塘在钱塘江两岸绵延 280 余公里。由于明代以来鱼鳞海塘的修筑，现代钱塘江的轮廓才得以巩固，因此钱塘江海塘是杭州地理变迁的一处见证。转塘镇狮子口村是钱塘江古海塘的一处重要遗址。修缮海塘遗址，设立海塘会所，此会所以作为艺术交流与行为艺术展演用途，以构筑家园的寓意、活化历史遗迹。

2. 设立转塘每年一度的"社区民俗日"

竹马舞起源于南宋，主要分布在杭州临安和上泗（转塘、周浦）一带，传统中人们以跳竹马舞祈求来年六畜兴旺。现在逢年过节，镇上年纪大的原住民仍然跳起竹马舞，双流村还保留着正月唱大戏的风俗。在农历春节的初三设立"社区民俗日"，让更多的新移民认识和欣赏转塘，获得对转塘地方文化的生动信息。

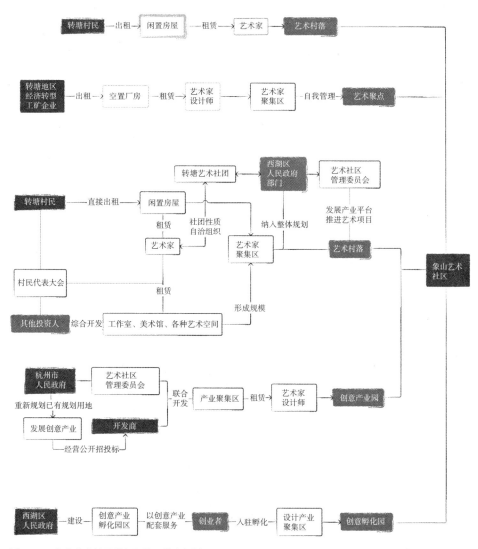

图 8-21　象山艺术社区的组织管理模式探讨

（二）让原住民从创意文化的旁观到创意生活与创意环境的主动营造和参与

蔡元培曾以"艺术代宗教"的理想，开启中国当代艺术教育的新篇章。当下，中国美术学院落户转塘，为转塘开启新的篇章。在象山艺术社区的建设中，应当让原住民不仅仅在创意产业的配套服务上获得经济收入，同时应当在文化的交往互动中获得生活观念上的提升。积极开展艺术生活环境氛围的营造活动，设立工作室开放制度，开展原住民与艺术人群的体育赛事，影响原住民移风易俗，打造学院文化与俗文化结合的新民俗。

四、创意社区三年行动计划

象山艺术社区将逐步地以环美院区域和凤凰国际的两点一线区域为核心，通过三年的渐进发展，辐射至周边地区，开展三年行动计划（图 8–22 ）。

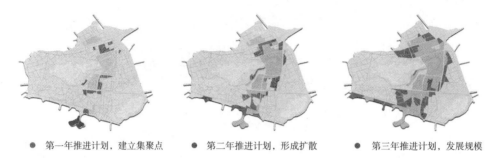

● 第一年推进计划，建立集聚点　　　● 第二年推进计划，形成扩散　　　● 第三年推进计划，发展规模

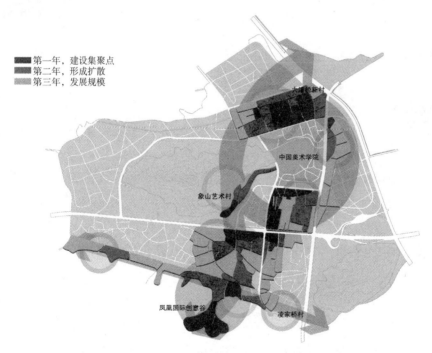

● "一环两带"发展策略三年行动推进示意图

图 8-22 象山艺术社区三年行动计划示意
（作者绘）

第七节　其他总体建议

针对转塘发展创意产业，其他总体建议如下：

（一）保留现有自然村落建筑，丰富转塘文化"多样性"，促进原有民俗文化与时尚文化相互融合。以"首要用途空间混合利用"打造创意社区综合体，一方面链接社区资源促进内生性环境的形成，另一方面积极进行外部资源链接，培育高度"集中"的集聚点，弥补区位的不足。

（二）艺术工作室集群发展，建设创意生活街坊、创意时尚体验区、艺术田园，促成人文风景的形成，发展创意体验经济，使转塘由原有的"旅游过道"，成为一个人文旅游目的地。

（三）以杭州城市美学打造转塘街巷，在街巷的布局上避免栅格肌理，以多样性创意生活街坊充实街巷的内容，培育创意生活与创意环境。

（四）完善安全、医疗、卫生、文化、教育、商业、生活、娱乐、休闲、金融等基本配套设施。促进文化艺术活动在创意社区展开，培育开放多元的社区文化，营造社区归属感。促进社区原住民、移民、学术、工作者、旅游者广泛参与，人人受益，获得人的真正发展。

（五）促进第三产业发展，完善创意产业生态要素，并以相应的策略激发要素活力，建设创意产业所依托的专业市场和可以与之匹配的下游生产链，以形成创意产业的黏性空间，加快创意集群发展。

（六）改善自然景观和生态环境。对山体伤疤进行景观修复，迁移区域内对环境造成不利影响的工业企业。

（七）加快中国美术学院等高校融入社区，激发美院作为创意社区活力主体的活力。设立中国美术学院科技园，综合开发大学文化资源。

（八）引进高级创意管理与经营人力资源，积极培育社区人才。制定人才策略，在政策环境上为人才引进创造条件。制定产业政策为艺术创意机构进驻提供便利。

（九）避免大拆大建，釜底抽薪，维持当地房屋租赁市场供应量，尽可能利用现有建筑进行农居 SOHO 改造，降低创业者创业成本。研究经济廉租房的可行性。建立孵化机制，帮助社区创意产业度过孵化期。

第九章
白马湖生态创意城"活化"研究

　　本策划案是建立在"中国美术学院白马湖生态创意城策划课题组"已有前期成果基础上就其"社区活化"进行的专项研究，第一节和第三节作为本研究背景资料引自课题组，在此特别说明，并向所有参与该课题研究的成员表示感谢。

第一节　策划背景概述

一、策划背景

　　白马湖生态创意城位于杭州高新区（滨江）南部区块，北至彩虹大道，西至浦沿路，东南接萧山界，规划面积约 20 平方公里，其核心区域为白马湖区域（图 9-1）。作为其背景的杭州市高新技术产业开发（滨江）区建于 1990 年，经

图 9-1　白马湖生态创意城整体规划图

过十余年的建设，初步形成了"两强两优两新"的特色产业格局，成为浙江省最具影响的科技创新基地。滨江区南部区块多山多水多湖泊，山林水面共计约340公顷，在多年的生态保护策略下，现已经成为场地资源的巨大优势。

杭州市委、市政府高度重视白马湖生活创意城建设，提出了"一城四区"和"一城四宜"的整体定位，即"国家级文化创意产业园区；旅游休闲度假区；杭州城市美学和建筑美学示范区；杭州和谐创业示范区"和"宜业、宜居、宜文、宜游"，以及"两年形成框架、四年初具规模、六年基本建成"的总体建设目标。高新区（滨江）提出了打造新的增长极，以创意文化引领高新区（滨江）的新一轮发展。

白马湖生态创意城的建设区域内有着深厚的人文底蕴。核心区域有冠山，山麓有乳泉，半山有分翠亭，山上有冠山寺（旧名云岩寺）。冠山寺建于南宋咸淳（1265~1274）年间，占地10亩，寺内有清嘉庆六年（1801年）石碑1块、晚清摩崖石刻7处，以及历代精刻的"鹅"、"洗心池"、"洞天一品"、"对奕"、"清可"等历史艺术品，为佛教十三法相地之一。北宋诗词大家秦观曾登临而赞曰："路隔西兴三二水，门临南镇一千峰"。北面的长河古镇历史悠久，人文荟萃，来姓众多。存有大量古建筑格局完好，价值较高。南面的莱竹山桥为双墩三孔石梁桥，南北走向，横跨竹山河。白马湖生态创意城内的山一村，1988年被联合国环境规划署评为全球500佳单位。区域内还有新塘庵、佬石祠、秦始皇妃子墓、法华禅寺等。

二、策划目标

杭州市创意产业建设目标提出将杭州打造成"全国文化创意产业中心"。在白马湖将以"城市有机更新"为主导，以生态环境保护为前提，以文化创意产业为基础，以提升原住民生活品质为目标，以"和谐创业"为动力，以"农居SOHO"为特色，将白马湖生态创意城打造为创意产业的主平台。白马湖所在的滨江高新基础开发区，高新科技产业的骨干地位已经确立，在此背景下，提出了打造新的增长极，以创意文化引领高新区（滨江）的新一轮发展。

三、白马湖创意城整体产业定位

（一）综合产业定位（图9-2）

（二）创意产业定位（图9-3）

四、相关政策依据

《杭州市第十次党代会报告》

《杭州市大文化产业发展规划》

《关于鼓励和扶持动漫游戏产业发展的若干意见（试行）》

《杭州市信息服务与软件业发展规划（2005 年 –2010 年）》

《关于加快信息服务与软件业发展的若干意见》

《关于进一步加强科技管理中知识产权工作的意见》

《关于进一步加强企业技术创新工作的若干意见》

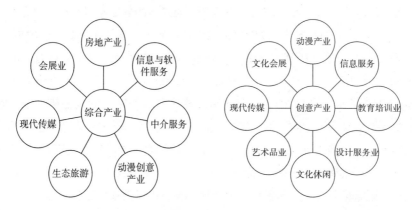

图 9-2　白马湖生态创意城综合产业定位　　图 9-3　白马湖生态创意城创意产业定位

第二节　白马湖生态创意城的优劣势分析

一、经现状调查与分析，目前该区域发展创意产业内存在如下基本问题：

（一）所在区域远离主城区，加上与主城区之间的交通联系不够紧密，缺少主城区高质量的生活配套以及发展创意产业非常重要的"多样性"、"集中性"、"异质性"的活力元素。

（二）本区域的开发建设虽有分区规划作为依据，但区域用地尚未进行有机地整合，各区块之间开发建设各自为政，缺乏联系。规划区内现有功能区的规划布局各类性质用地相互混杂，尤其是工业和农居相互混杂。

（三）现有建筑设计水平不高，新老建筑交错，建筑的风格相差很远，形式有明显拼接揉搓痕迹，建筑的形式有的是坡屋顶，有的是欧式建筑。单体建筑的平面功能组织不合理，以功能获得满足为主，室内空间和家具使用杂乱，在同一户人家中有着多样新旧中西风格迥异的家具样式。

（四）村落居住小环境质量不高，室外环境状况堪忧，垃圾随处可见，河流水溪受到污染，树木混乱，杂草丛生，并缺乏人与人之间交往的室外场地。

（五）居民点分散"疏离"，基础设施配套较差，公共设施匮乏，缺乏相应的生活设施配套。道路、给水、排水等基础设施也不完善，村民污水直接排入河道。

缺少必要的商业服务设施和公共设施的建设，外来人口生活很不方便。

（六）人口结构有待改善。当地原住民和外来务工者等初级人力资源有余，区域内虽有不少高新技术企业和科技人员，但创意人才资源匮乏。创意产业在当地原住民中甚至还缺乏认知基础，发展创意产业所需的人才基本需要从外面引进。

（七）地区经济结构不尽合理，第三产业基础严重落后。缺少创意产业所依托的专业市场和可以与之匹配的下游生产链。

（八）区域内众多自然与历史文化资源尚未得到很好的保护、开发建设和利用。已有的文化资源缺少宣传，尚未形成旅游及休闲度假的氛围。

（九）陈规陋俗依然存在，反映在农居建设和室外附属设施的建设上，房屋争大求高，相互攀比。村民观念中存在一定的封建迷信，导致相邻的房屋不能有高低的差别，左右的房屋之间不能有前后之别，形成了"均等性"。同时坟地与生者相互争夺土地的现象很普遍。另外当地村民还有户外方便等陋习。

（十）部分原住民对规划改造表示担忧，原住民对规划改造后带来的土地使用权和收益权的丧失、土地损失偿还落实、改造后的就业情况和今后社会保障等有关问题表示顾虑。

二、经现状调查与分析，同时区域内也存在不少综合优势：

（一）超大的用地规模优势，占地 20 平方公里，有利于整个区域的综合利用。

（二）滨江区南部区块多山多水多湖泊，山林水面共计约 340 公顷，在多年的生态保护策略下，现已经成为场地资源的巨大自然环境优势。适合于原创艺术（设计）类型的集群作为创意基地，对艺术家和设计师具有较大的吸引力。

（三）人才支持优势，中国美院将在该区域内规划创意园，将为其前期启动带来一定的人才资源优势。

（四）区域内具备一定的产业基础，依托滨江高新技术开发十余年的发展建设，已经具备一定产业基础，加上滨江区成熟的高新科技产业链和浙江庞大的制造业基础，将为创意产业向下游产业链延展发展提供一定的支持。

（五）各个村落与环境结合的格局比较理想，总体框架具有比较好的更新改造前景，村落内闲置物业充沛，可以为创意产业发展提供大量的廉价发展用房。

（六）当地青年村民对于新事物改变生活抱有较为乐观态度，对创意产业有一定的接受基础。

（七）白马湖具备一定数量的尚未开发的文化遗产资源，如果能给予合理利用，将为创意产业的发展带来双向促进作用。

综合已有优势，总体上归纳为：①山水环境；②历史人文；③白马湖农居；④滨江高科技；⑤浙江制造；⑥中国美术学院；⑦创业热情。

第三节 白马湖生态创意城的发展定位

白马湖生态创意城的发展定位为：产业、生活、创意三位一体。

一、创意产业化

创意产业化，就是把创意产业与社区内的资源链接起来进行整合，带动和促进整个社会的产业升级。近期，以游戏动漫业、设计咨询服务业和信息服务业为重点，结合滨江区的高科技、浙江省的制造优势、白马湖的自然山水和人文历史、白马湖的农居以及中国美术学院的人才资源，分别形成了创意工厂、品牌驱动基地、创意生态旅游、创意农居 SOHO 生活以及创意学院的培训教育。

二、创意家园感

白马湖当地缺乏创意人才，创意人才基本都需要从其他区域引进。营建让创意人安居乐业与和谐和睦的创意家园，需要通过产权制度、培育制度的建立和交易、交流机会的创造，长期人才的引入与定期工作的国际人才轮换相结合。迅速占领中国创意人才集聚的制高点，并通过定期与不定期的活动组织，扩展世界范围的影响力。

（一）吸引优秀的创意移民策略

1. 以领军人物的感召力带动创意梯队集聚；
2. 以候鸟人才的轮换来快速形成国际化创意团队；
3. 以工作室的集群进入为先导，带动规模化的创意公司进驻。

（二）培育良好的创意土壤

1. 以具有理念与产权的认同为基础，为白马湖的乡土气息提供支撑；
2. 前期引进孵化制度，提供政策与经济支持的帮助；
3. 发展多样的业务与交流的机会，以及配套便捷的工作支持链，弥补白马湖相对偏僻的不足。

（三）维护和谐的创意邻里

1. 树立自然循环的现代审美观和生态观；
2. 以加盟制的方式来调节与融合各方的利益关系；
3. 维护各类创意产业之间、创意产业与其他产业之间的互补与和谐。

（四）白马湖生态创意城的创意家园定位

1. 以创意产权所有、民间基金培育、网络化的创意交易体系培育为特色的市场化的现代创意土壤，成为一座创意人安居乐业的创意城。

2. 以创意领军人物为感召，以国际创意大师轮换工作访问为补充，工作室集群快速集聚的国际化创意大家庭，成为一座配有国际创意空港的创意城。

3. 以现代生态理念、加盟制、产业链的多种方式构筑和谐的创意生态邻里关系，成为一座人与自然和谐、人与人和谐的创意城。

三、创意生活美

追寻体现自然山水与创意生活相交融的现代城市美学，创建杭州城市生活品质和城市美学示范区，以创意生活为源泉，以城市细节之美为载体，表现人与人和谐，人与自然和谐，人与历史和谐的自然、生态、生活、生机的和谐社会审美图景。

第四节　艺术社区的"活化"

一、创意人才与创意机构

策划的白马湖区域中原有人口在发展创意产业方面既有优势也有不足，创意产业作为一个移植进来的产业，需要大量引进创意人才以及相关的创意管理与经营人力资源。白马湖所处的滨江区高新技术开发区，在软件技术方面有一定的基础，对于创意产业与网络电子技术相结合进行产业化生产方面具有一定优势（图9-4）。

（一）以创意候鸟的方式，从国外引进一批顶尖的、高端创意型人才，创造相应的生活、工作、休闲条件，让他们每年在白马湖驻步停留，并组织与本土创意人才及企业的交流会为白马湖带来国际最前沿的品牌理念。

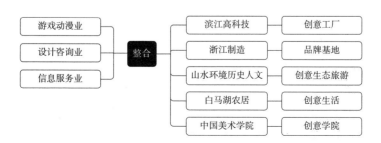

图9-4　白马湖生态创意城整合示意

（二）建立归国创意人才创业孵化基地，引进归国创意人才进驻，吸纳最新的创意技术和思维，构筑创业天堂，并引进一批国际前沿的创意新锐人才让他们在白马湖成功创业。

（三）建立企业研发基地，吸引著名企业进驻打造企业技术创新、产品研发的核心基地。

（四）成立国际青年设计师之家，发展国内外青年设计精英的农居 SOHO 式办公和居住地。

（五）设立国际创意夏季学院，开展全球艺术家、设计师短期进驻交流资助计划，拓展社区多元文化视角。

（六）启动期对进驻创意机构进行税收减免。

（七）完善安全、医疗卫生、文化教育、生活、娱乐休闲以及基本配套设施。

（八）设立知识产权保护法律援助组织和基金，对社区内注册企业提供打击盗版免费知识产权法律援助，对社区内原创艺术进行保护。

（九）在白马湖创意园区内打造高品质的"创意居住体系"，发展创意生态示范特色居住、农居改造特色居住、高端生态特色居住、新建特色居住。

（十）建立多层次的孵化体系，支持人才创业。

二、配置性公共产品和场所

通过规划、注入和利用区域内已有的公共产品和服务，来发挥其配置性功能，服务社区内创意产业的发展。

（一）建设区域特色型公共美术馆，为区域进驻单位和个体提供作品展示空间。结合生态主题，引进一定规模的境外美术馆，拓展创意城的国际视野。

（二）引进与资助建立各类合作机制的博物馆，营造社区的创意文化氛围。

（三）结合原住民的文化礼堂，营造社区的展演舞台，促进文化的融合发展。

（四）设立世界创意产业化永久论坛，发展国内首个世界级的创意产业化论坛，借鉴国际创意与现代工业结合的成功经验，把脉国际创意产业化最新动态和走向。论坛将荟萃全球文化创意产业精英，聚集科技界、经济界俊杰，搭建一个"科技与人文"对话、"文化与经济"融合的高规格交流平台。

（五）设立社区共建计划，加入进驻计划者可享受相应的社区福利，但不需履行相应的义务。向社会访问者开放艺术工作室，每周设立一天向社会公众开放，为艺术人文体验经济在社区发展提供公共资源。在启动期，设立工作室轮值举办展览活动制度，每季度为社区提供一个艺术交流或展示活动。

（六）设立"国际创意会议中心"，选址于白马湖北岸。建设一座国际创意酒店，定期举办国际性的创意产业会议，并定期举办国际创意产业化论坛。抢占创意产业论坛的制高点。

（七）设立"国际艺术交流中心"，设在白马湖南部的岛状地块内，利用中国美术学院的学术资源和社会资源，与世界十大美术学院合作，在此开发国际艺术村，作为国内外艺术交流中心。

（八）建设国际青年旅舍，为各类短期来访者提供一个驿站和交流空间。

（九）在符合村民意愿的情况下，鼓励村民优先将闲置工业厂房和可利用的居民住宅，租给艺术家、创意公司。

三、专业市场配套

亟待改善社区内市场服务产业落后的现状，在完善相应的信息、市场与交易配套外，加快发展专业市场配套。

（一）设立"中国国际动漫节"永久性场馆，主要活动包括中国国际动漫产业博览会、动漫产业项目投资洽谈会、中国国际动漫产业高峰论坛、国际动漫节杭州峰会等活动形式。引进中国国际动漫节这一平台，不仅能够集中展示中外最新动漫原创作品，推动最新动漫理念和高新技术，促进动画原创、制作、发行、播出、衍生产品开发、营销机构的交流与合作，还能打造中华文化与世界文化互相交流的高端平台。

（二）积极引进策展人、世博会机构、拍卖行以及各类艺术设计中介机构。积极引进专业市场管理和管理人才。

（三）广泛建立合作关系，与海外艺术、设计和时尚领域建立联系，组织交流和交流资源。引进跨国艺术机构以获取海外市场的链接。

（四）成立浙商企业设计研习会所，为传统企业获取设计资讯信息以及相关继续教育提供服务，为设计的组织机构市场建立配套渠道。

（五）以企业、院校、政府多方组成的非营利性机构，促进创意产业化的进程。为创意产业的人才、创意、资本、技术之间建立桥梁。同时，发挥杭州的互联网商务和浙江的市场优势，大力发展网上创意商务。

（六）深度挖掘"国际动漫节"，链接各种市场资源。荟萃国内外优秀创意成果，每年秋季在白马湖展示和交易。白马湖生态创意城的所有创意企业、个人定期向"创意—产业联盟"组织提交最新的创意成果，并以公开拍卖的形式，由市场对其价值做出评估。

（七）打造"白马湖创意市集"，请进来、走出去，为创意观念和产品培育市场，培育创意生活与创意环境。

（八）打造"白马湖版权情报中心"，发展各类艺术创意符号、图形、图像版权、外观专利输出与引进的交易市场，建立国内最权威的评估组织体系，为版权提供一个交易平台。

（九）资助社区内文创企业举办各类展示，建立展览协助机制。

四、专业生产配套

小规模、柔性化的专业生产协作配套发展的程度，往往决定着艺术社区中创意产业初期发展和企业的孵化质量。

（一）设立创意工厂，高新技术成果与创意品牌包装相结合的试点项目，是将高新技术成果迅速转化为品牌资源的有效途径，并结合高新科技产业的发展整合开展。

（二）在冠二村、火炬大道旁的三角环水地块内，构建加工基地，建立可供工业设计、服装设计、平面设计、陶瓷、玻璃、印刷等创意产品的综合打样与中试配套。内设工业设计园和创意产品打样基地、产业联盟等三个项目。由于其处于高新技术产业和文化创意产业的交接处，既可作为一种特殊的产业平台，更可作为高新技术产业和创意产业相结合的产业联盟平台。

（三）引进专业文创书店，打造具有交流、休闲等综合性功能的艺术资讯点。

（四）设立图文商务服务中心，为创意提供图文打印等商务配套设施。设立效果图、模型制作、多媒体演示制作等配套点，引进多类型的效果图公司、模型公司等，提高艺术社区创意设计配套服务。

（五）建立社区平台网络，创新信息发布平台，构建高效网络资讯平台。

（六）建立基础劳务服务市场，为社区劳动力的供需搭建平台。

（七）设立闲置房产物业和设备租赁中心，为进驻的企业或个人提供物业租赁资讯，使物业供给与需求信息对称，加快要素使用效率。

五、地方政府

组建艺术社区管委会，制订发展战略，协调各方利益，并提供与之相关的各种公共产品和服务。

（一）完善区域内基础设施和商业、社交、娱乐、休闲、体育、医疗、卫生、通讯、邮政等生活配套设施。

（二）制订相应的文创经济促进政策，推动社区文化发展。

（三）建设展馆、文化礼堂及相关的公共配套设施。

（四）制订创意产业孵化政策，促进新企业和初创的培育，并进行阶段性战略政策调整。

（五）制订和落实各类人才引进和培育政策。

（六）制订文化支持政策，支持文化的多元发展，积极开展社区居民宣传教育，形成合力。

六、社区组织

为社区民间非官方（或半官方）的管理组织的创建提供必要条件。

（一）设立白马湖投资建设发展公司，以企业实体形式负责社区项目开发经营与管理。

（二）建立艺术社区促进会专家组织，对社区发展建设以及各类企业进驻进行审查和指导。

（三）设立"创意——产业联盟"，在政府有效引导下，由创意企业和传统产业、高新技术企业以会员形式加盟组成，其基本职能为建立创意评估体系，建立知识产权维权中心，在整个城区各种创意场所如咖啡馆、会所、农居 SOHO 组织各种创意服务与企业的对接活动及特色活动，如"点子拍卖会"、"企业头脑动力输出站"、"技术创新评估会"等，促进创意企业与传统企业的交流和互动。

（四）为社区志愿者组织的创建提供条件，维护社区环境。

七、专业组织

创意社区中的专业组织包括各种行业协会的分支机构，这些专业组织为创意社区带来专业领域的链接，为创意社区在艺术创意人才、创意资源、艺术文化信息等方面带来拓展。

（一）引进各类专业协会组织设立分支机构，链接各类协会专业资源。

（二）设立"浙商创意会所区"，充分依托白马湖生态创意城所在的长三角、浙江省等区域的丰富强大的私营企业资源，在美丽白马湖塘子堰的狮子山脚下建设以浙商企业为主体的创意会所。会所内设创意办公工作室、企业商务会所、企业总部、创意名人住居等为一体的复合式的、特色的产业园区。区内包括浙商会所、浙商创意论坛、浙商文化展览馆等项目。

（三）发展艺术社区的专业联合团体性组织，促进艺术社区集聚规模的发展，形成更大的溢出性。

（四）设立"候鸟型创意会所"，为国际顶尖创意人才打造专业会所，吸引国际人才在白马湖考察、交流做短暂停留。

（五）设立"国际创意俱乐部"，选址在白马湖南部跨湖桥遗址附近打造一幢创意风格浓厚的，品位独特的"候鸟型创意俱乐部"，作为最先引进的国际顶尖人才交流和互动场所，加快白马湖一年四季各种交流、考察、展览活动的举办，集聚大量国际优秀人才汇聚于俱乐部。

（六）以艺术社区建设为契机，进行艺术场馆建设项目设计合作并在全球范围内招标。

八、大学、研究机构及教育培训机构

引入智力资源，合理地利用大学的资源，推动社区建设。引入教育培训机构为社区中创意产业的从业人员进行职业技能上的培训，以提升从业人员的职业素质。

（一）设立"创意学院"，通过与杭州市以及全国著名高等院校如中国美术学院、浙江大学、北京大学、清华大学、复旦大学等合作，建设一所以院校为主体的高等创意学院，打造创意文化高点。学院以创意教育、创意研究、创意孵化为办学定位；以引领中国创意产业发展为己任；以占领中国创意产业制高点为最终目标。

（二）在山一村建设"中国美院创意园区"，结合社会主义新农村改造，进行柴家坞、陈家村、章苏村、毛家沿等四个村的创意农居 SOHO 以及创意学院的建设，将山一村打造成中国美术学院创意园区。打造动漫小镇、文化创意小镇、冠山原生态居住区以及创意展示街四个项目。

（三）对于高校教师在白马湖设立工作室予以一定优惠的政策支持。

（四）发展人才经济廉租房，对美院青年教师及毕业生居住于白马湖给予政策优惠。

（五）启动期为各地毕业生进驻白马湖创业设立鼓励政策，并每年定向扶持 10 家创意工作室。

（六）发展艺术职业培训机构，对学历教育进行补充，迅速对接人力市场需求。

（七）设立"国际创意夏季学院"，随着中国美术学院的入驻，国际院校级的交流和互动开始启动，国际创意夏季学院是指在每年夏季邀请各国艺术院校的师生来白马湖进行交流、考察。面向海内外吸收学员展开主题互动艺术培训。

（八）引进各类培训机构，分层次发展非职业艺术培训，满足人们对艺术的爱好，向外输出社区特色教育服务产品。

（九）发展社区就业职业培训，为社区发展输送人力资源。

（十）设立创意大讲堂，开办高层次专业领域培训讲座。

九、投资人及金融机构

创意社区的可持续发展离不开各种类型的投资人和金融机构的共同参与。金融渠道的健全，不仅有利于版权、专利或者创意的产业化运作和转化，使得优秀的创意观念能够获得孵化和生产的转化，也有利于加快各种创意要素资源的综合利用，加速创意社区的建设与发展。

（一）吸纳原住民，通过设立产业加盟机制，鼓励社区原住民参与到白马湖生态创意城的发展中来，鼓励其以资金或闲置住宅进行加盟。

（二）对于启动期进驻白马湖生态创意城的文创产业投资者、艺术设计中介机构给予优惠待遇。

（三）除政府投资建设艺术场馆外，积极吸纳企业、基金会组织投资白马湖生态创意城艺术场馆，启动期对于博物馆、美术馆等艺术场馆的发展商给予优惠待遇。

（四）积极拓展多类型、多层次的投资渠道。

（五）在阶段性的发展中，对各种类型的投资予以区别待遇，对具有集聚效应和公共产品性质的投资给予政策优惠。

（六）健全金融渠道，完善社区金融网络。

（七）为投资社区创意产业的企业和个人开辟金融绿色通道。

（八）一方面引进风投基金，另一方面设立专门艺术社区风险投资基金，对具有发展前景的创意企业进行风险投资和孵化。

（九）设立"创意基金"，建成一个以民间资本为主体的创意基金，最大程度地吸引各种民间资本入驻白马湖。

十、营销渠道

营销渠道不仅指创意社区本身的招商，最主要的是进驻企业创意产品的分销和零售渠道等。只有将创意社区链接到有效的营销网络中，才能使得社区内的创意产品形成再生产，获得可持续发展的动力。

（一）加快白马湖创意地理品牌的建设，走出去，积极营销推介扩大生态创意城的影响力。

（二）请进来，组织开展多门类的创意邀请展，展开广泛的合作，多渠道承接设计外包服务。

（三）设立一年一度的创意博览会，扩大影响力吸引各地代理商家，完善销售网络。

十一、社区产品和服务的消费者

消费者是创意产品和服务的终端环节，消费者的认同推动创意社区生产的持续进行，并决定着创意社区的存在价值。

（一）在白马湖生态创意城以密集的创意活动，营造创意生活与创意环境，培育创意生活与工作的融合氛围。

（二）逐步发展创意体验经济，增强消费者的认同感，培育市场。

（三）定期开放艺术工作室，开发文化创意旅游经济。应区别于传统意义上的旅游，打造白马湖生态创意城所特有的以感受创意，触摸时尚，激发灵感为特色的"创意体验之旅"。"创意体验之旅"包括感受世界最前沿的创意理念和时尚元素、考察国内最先进的品牌之道和文化包装技巧、欣赏建筑艺术等。也可以走进创意工厂，亲手体验，制作独一无二的创意产品。

（四）承接青少年创意体验，开展多形式的非职业兴趣艺术培训。

（五）以创意社区为主场地，不定期开展市民们喜闻乐见并可以广泛参与的趣味娱乐创意活动。

（六）针对设计服务，扩大与组织机构市场的联系。

创意社区的发展，有赖于各种要素彼此协同，联合进化，只有基于这种协同才能呈现出发展的活力。白马湖生态创意城的"活态化"建构，首先需要健全这诸多要素，激活创意主体，在此基础上构建起社区生态网络系统，将生产、生活与生态进行融贯，形成可持续的发展。

参考文献

[1] （澳）哈特利 . 创意产业读本 [M]. 曹书乐，包建女，李慧译 . 北京：清华大学出版社，2007.

[2] （德）斐迪南·滕尼斯 . 共同体与社会 [M]. 林容远译 . 北京：商务印书馆，1999.

[3] （德）拉尔夫·埃伯特，弗里德里希·纳德，克劳兹·R·昆斯曼 . 鲁尔区的文化与创意产业 [J]. 刘佳燕译 . 国际城市规划，2007，22（3）.

[4] （德）雷德候 . 万物：中国艺术中的模件化和规模化生产 [M]. 张总等译 . 北京：三联书店，2005.

[5] （德）沃尔夫冈·韦尔施 . 重构美学 [M]. 陆扬，张岩冰译 . 上海：上海人民出版社，2006.

[6] （法）皮埃尔·布尔迪厄 . 资本的形式 [A]// 武锡申译 . 全球化与文化资本 . 北京：社会科学文献出版社，2005.

[7] （加）简·雅各布斯 . 美国大城市的死与生 [M]. 金衡山译 . 南京：译林出版社，2005.

[8] （美）阿伦·斯科特 . 文化经济：地理分布与创造性领域 [A]// 曹湘荣译 . 全球化与文化资本 . 北京：社会科学文献出版社，2005.

[9] （美）阿摩斯·拉普卜特 . 建成环境的意义——非言语表达方法 [M]. 黄兰谷译 . 北京：中国建筑工业出版社，2003.

[10] （美）安东尼·奥罗姆 . 城市的世界：对地点的比较分析和历史分析 [M]. 曾茂娟，任远译 . 上海：上海人民出版社，2005.

[11] （美）大卫·瑞兹曼 . 现代设计史 [M]. 刘世敏等译 . 北京：中国人民大学出版社，2007.

[12] （美）大卫·沃尔特斯，琳达. 路易丝. 布朗 . 设计先行：基于设计的社区规划 [M]. 张倩，邢晓春，潘春燕译 . 北京：中国建筑工业出版社，2006.

[13] （美）德鲁克基金会 . 未来的社区 [M]. 魏青江等译 . 北京：中国人民大学出版社，2006.

[14] （美）霍尔，波特菲尔德 . 社区设计——关于郊区和小型社区的新城市主义 [M]. 许熙巍，徐波译 . 北京：中国建筑工业出版社，2009.

[15] （美）卡尔素普，富尔顿 . 区域城市——终结蔓延的规划 [M]. 叶齐茂，倪晓晖译 . 北京：中国建筑工业出版社，2006.

[16] （美）凯夫斯 . 创意产业经济学——艺术的商业之道 [M]. 孙绯等译 . 北京：新华出版社，

2004.

[17]（美）凯文·林奇.城市意象 [M].方益萍等译.北京：华夏出版社，2001.

[18]（美）克劳迪奥·杰默克，莫里齐奥 G·梅兹，阿戈斯蒂奥·德·菲拉里.场所与设计 [M].谭建华，贺冰译.大连：大连理工大学出版社，2001.

[19]（美）理查德·佛罗里达.创意经济 [M].方海萍，魏清江译.北京：中国人民大学出版社，2006.

[20]（美）桑德斯.社区论 [M].徐震译.台北：黎明文化事业公司，1983.

[21]（美）索杰.第三空间：去往洛杉矶和其他真实和想象地方的旅程 [M].陆扬等译.上海：上海教育出版社，2005.

[22]（美）索斯沃斯，本·约瑟夫.街道与城镇的形成 [M].李凌虹译.北京：中国建筑工业出版社，2006.

[23]（美）泰勒·考恩.创造性破坏：全球化与文化多样性 [M].王志毅译.上海：上海人民出版社，2007.

[24]（美）约瑟夫·多尔蒂.用于全球冒险的文化资本 [A]// 薛晓源，曹荣湘主编.全球化与文化资本，北京：社会科学文献出版社，2005.

[25]（美）朱克英.城市文化 [M].张廷，杨东霞，谈瀛洲译.上海：上海教育出版社，2006.

[26]（日）西村幸夫.再造魅力故乡：日本传统街区重生故事 [M].王惠君译.北京：清华大学出版社，2007.

[27]（匈）阿诺德·豪泽尔.艺术社会学 [M].居延安译.上海：上海学林出版社，1987.

[28]（意）贝鲁西，塞迪塔.文化产业中的情境创意管理 [M].上海：上海财经大学出版社，2016.

[29]（英）安东尼·吉登斯.现代性的后果 [M].田禾译.南京：译林出版社，2011.

[30]（英）奥康诺.艺术与创意产业 [M].北京：中央编译出版社，2013.

[31]（英）鲍曼.共同体 [M].欧阳景根译.南京：江苏人民出版社，2003.

[32]（英）马尔科姆·巴纳德.艺术设计与视觉文化 [M].王升才，张爱东，卿十力译.南京：江苏美术出版社，2006.

[33]（英）梅特卡夫.演化经济学与创造性毁灭 [M].冯健译.北京：中国人民大学出版社，2007.

[34]（英）尼格尔·泰勒.1945 年后西方城市规划理论的流变 [M].李白玉，陈贞译.北京：中国建筑工业出版社，2006.

[35]（英）约翰·霍金斯.创意经济——如何点石为金 [M].洪庆福等译.上海：上海三联书店，2006.

[36] Adrian Forty. Objects of Desire: Design and Society Since 1750[M]. London. Thames & Hudson，1992.

[37] Bastian Lange. Berlin's Creative Industries: Governing Creativity？ [J]. Industry and Innovation，2008，15（5）.

[38] Boyle M. Cultural in the rise of Tiger economies：Scottish expatriates in Dublin and the creative class' thesis[J]. International Journal of Urban and Regional Researoh，2006，30（2）.

[39] Charles Landry. The Creative City: A Toolkit for Urban Innovators[M]. London:Earthscan Ltd，2008.

[40] Darrin Bayliss. The Rise of the Creative City: Culture and Creativity in Copenhagen[J]. European Planning Studies，2007，15（7）.

[41] Gert-lan Hospers. Creative Cities: Breeding Places in the Knowledge Economy[J]. Knowledge Technology & Policy，2003，16（3）.

[42] J. Vang，C. Chaminade. Culture Clusters，Global-Local Linkage and Spillovers: Theoretical and Empirical Insights from an Exploratory Study of Toronto's Film Cluster[J]. Industry and Innovation，2007，14（4）.

[43] Jamie Peck. Struggling with the Creative Class[J]. International Journal of Urban and Regional Research，2005，29（4）.

[44] Mark Boyle. Culture in the Rise of Tiger Economies: Scottish Expatriates in Dublin and the 'Creative Class' Thesis[J]. International Journal of Urban and Regional Research，2006，30（2）.

[45] Meri Louekari. The Creative Potential of Berlin: Creating Alternative Models of Social，Economic and Cultural Organization in the Form of Network Forming and Open-Source Communities[J]. Planning，Practice & Research，2006，21（4）.

[46] Patrik Aspers. Using design for upgrading in the fashion industry[J]. Journal of Economic Geography，2010（10）.

[47] Ram Mudambi. Location，control and innovation in Knowledge-intensive industry[J]. Journal of Economic Geography，2008，8（5）.

[48] Richard E. Caves. Creative Industries: Contracts between Art and Commerce[J]. Journal of Cultural Economics，2002，26（1）.

[49] Scott AJ. Creative cities: conceptual issues and policy question. Paper presented at the OECD International Conference on City Competitiveness，Santa Cruz de Tenerife，Spain，3-4 March，2005.

[50] Sharon Zukin. Loft Living Culture and Capital in Urban Change[M]. New Brunswick Rutgers University Press，1989.

[51] 北京市社会科学院北京文化创意产业发展研究课题组．北京文化创意产业国际化战略

研究 [J]. 北京社会科学，2006（6）.

[52] 陈平．瑞典 FiV 电影产业对创意产业集群成长的启示 [J]. 科学学与科学技术管理，
2007（9）.

[53] 陈子如．杨柳青年画形成和发展的五大因素 [N]. 天津日报．聚焦西青，2006-06-02
（28）.

[54] 褚劲风，崔元琪，马吴斌．后工业化时期伦敦创意产业的发展 [J]. 世界地理研究，
2007（3）.

[55] 戴晓东．全球化语境下跨文化认同的建构 [A]// 跨文化交际与传播中的身份认同（一）：
理论视角与情境建构．上海：上海外语教育出版社，2010:112.

[56] 登锟艳．空间的革命 [M]. 上海：华东师范大学出版社，2006.

[57] 丁继军，凌霓．创意社区：凯文•格罗夫都市村庄及其新都市主义设计 [J]. 装饰,2010(6).

[58] 费孝通．乡土中国 [M]. 南京：江苏文艺出版社，2007.

[59] 冯根尧．中国文化创意产业园区集聚效应与发展战略 [M]. 北京：经济科学出版社，2016.

[60] 高翔．别再"边缘"艺术家了 [J]. 世界发明，2008（3）.

[61] 耿斌．上海创意产业集聚区开发特征及规划对策研究 [D]. 同济大学，2007.

[62] 国彦兵．新制度经济学 [M]. 北京：立信会计出版社，2006.

[63] 韩育丹．从传统工业区到创意产业园的建筑更新 [J]. 洛阳大学学报，2007，22（2）.

[64] 何金廖．创意产业区：上海创意产业集群的动力、网络与影响研究 [M]. 南京大学出版
社，2016.

[65] 黄锐．北京 798 再创造的"工厂"[M]. 成都：四川美术出版社，2008.

[66] 季皓．我国文化创意产业实践社区的模式、绩效与建设途径研究 [M]. 北京：经济科学
出版社，2017.

[67] 蒋三庚．文化创意产业研究 [M]. 北京：首都经济贸易大学出版社，2006.

[68] 金波．文化创意产业集群化发展："杭州模式"的经验与启示 [J]. 杭州师范大学学报（社
会科学版），2012（6）.

[69] 孔建华．北京市宋庄原创艺术集聚区的发展研究 [J]. 北京社会科学，2007（3）.

[70] 孔建华．北京宋庄原创艺术集聚区发展再研究 [J]. 北京社会科学，2008（2）.

[71] 孔建华．北京文化创意产业集聚区发展研究 [J]. 中国特色社会主义研究，2008（2）.

[72] 孔建华．宋庄原创艺术集聚区发展方略 [J]. 城市问题，2007（5）.

[73] 蓝色智慧研究院．文创时代:北京市文化创意产业发展与创新(2006~2015)[M]. 北京：
中国经济出版社，2016.

[74] 蓝宇蕴．都市里的村庄 [M]. 北京：生活•读书•新知三联书店，2005.

[75] 李季．中国文化产业园区评价体系研究 [M]. 北京：经济科学出版社，2016.

[76] 李蕾蕾，彭素英．文化与创意产业集群的研究谱系和前沿：走向文化生态隐喻？ [J].

人文地理，2008（2）.
[77] 李蕾蕾 . 逆工业化与工业遗产旅游开发：德国鲁尔区的实践过程与开发模式 [J]. 世界地理研究，2002，11（3）.
[78] 李崟，潘瑾 . 基于知识溢出的创意产业集群效率影响因素实证研究 [J]. 江淮论坛，2008（2）.
[79] 李煜华 . 基于演化博弈的创意产业集群知识共享策略研究 [J]. 商业研究，2014（2）.
[80] 厉无畏，于雪梅 . 关于上海文化创意产业基地发展的思考 [J]. 上海经济研究，2005（8）.
[81] 梁漱溟 . 乡村建设理论 [M]. 上海：上海人民出版社，2006.
[82] 刘凤云 . 明清城市的坊巷与社区——论传统文化在城市空间的折射 [M]. 北京：中央民族大学出版社，2001.
[83] 刘惠媛 . 博物馆的美学经济 [M]. 北京：生活・读书・新知三联书店，2008.
[84] 刘强 . 同济周边设计产业集群形成机制与价值研究 [J]. 同济大学学报（社会科学版），2007，18（3）.
[85] 刘奕，马胜杰 . 我国创意产业集群发展的现状与政策 [J]. 学习与探索，2007，170（3）.
[86] 鲁明军 . 知识共同体：当代艺术学谱系的取向 [J]. 世界美术，2006（2）.
[87] 鲁迅 . 拟播布美术意见书 [A]// 鲁迅全集第 8 卷 . 北京：人民文学出版社，1981.
[88] 吕方 . 世界文化发展与英国创意产业 [J]. 世界经济与政治论坛，2007（6）.
[89] 马越 . 长在宋庄的毛 [M]. 甘肃人民美术出版社，2008.
[90] 庞彦强 . 艺术经济通论 [M]. 北京：文化艺术出版社，2008。
[91] 上海文化发展基金会办公室课题组 .C 产业：创意型经济的引擎 [M]. 上海：上海三联书店，2006.
[92] 沈泓 . 杨柳青年画之旅 [M]. 吉林人民出版社，2007 .
[93] 石奇 . 产业经济学 [M]. 北京：中国人民大学出版社，2008.
[94] 舒可文 . 城里：关于城市梦想的叙述 [M]. 北京：中国人民大学出版社，2006.
[95] 宋建明 . 当"文创设计"研究型教育遭遇"协同创新"语境　基于"艺术 + 科技 + 经济学科"研与教的思考 [J]. 新美术，2013（11）:10–20.
[96] 宋建明 . 人文关怀与美丽乡村营造 [J]. 新美术，2014（04）:9–19.
[97] 孙福良，张英 . 中国创意经济比较研究 [M]. 上海：学林出版社，2008.
[98] 孙江 . 空间生产——从马克思到当代 [M]. 北京：人民出版社，2008.
[99] 童慧明 . 膨胀与退化——中国设计教育的当代危机 [A]// 杭间主编 . 设计史研究 . 上海：上海书画出版社，2007.
[100] 王璜生 . 美术馆：后现代艺术理论 [M]. 上海：上海书店出版社，2007.
[101] 王洁 . 发达国家创意产业集聚发展特点的研究 [J]. 现代管理科学，2007（9）.
[102] 王玲慧 . 大城市边缘地区空间整合与社区发展 [M]. 北京：中国建筑工业出版社，

2008.

[103] 王思成，徐艳枫. 论中国城市创意产业的模式转型——以上海杨浦环同济知识经济圈为例 [J]. 中国名城，2015（2）.

[104] 王伟强. 文化·街区与城市更新 [M]. 上海：同济大学出版社，2006.

[105] 王耀武，夏南凯，郭雁. 人性化的商业步行街区 [M]. 上海：同济大学出版社，2008.

[106] 文嫣，桂亚娜. 嵌入性视角下创意产业发展研究述评 [J]. 地理科学进展，2014（3）.

[107] 吴良镛. 东方文化集成——中国建筑与城市文化 [M]. 昆仑出版社，2009.

[108] 吴良镛. 建筑·城市·人居环境 [M]. 石家庄：河北教育出版社，2003.

[109] 吴赢，施玮. 创意社区营造与乡镇创新体系构建研究 [J]. 技术与创新管理，2015（4）.

[110] 徐琦. 社区社会学 [M]. 北京：中国社会出版社，2006.

[111] 许平. 重归情境与景观化的设计现实：从包豪斯到"情境主义"的社会批判 [J]. 美术研究，2015（2）:79-83.

[112] 薛晓源，曹荣湘. 全球化与文化资本 [M]. 北京：社会科学文献出版社，2005.

[113] 杨德昭. 社区的革命 [M]. 天津：天津大学出版社，2007.

[114] 杨卫. 中国当代艺术生态 [M]. 天津：天津大学出版社，2008.

[115] 杨跃锋，徐晴. 社会碎片化视角下的政府社会管理体制建设 [J]. 华南师范大学学报(社会科学版)，2013（3）.

[116] 于长江. 宋庄：全球化背景下的艺术群落 [J]. 艺术评论，2006（11）.

[117] 于长江. 在历史的废墟旁边——对圆明园艺术群落的社会学思考 [J]. 艺术评论，2005（5）.

[118] 张纯，王敬甯，陈平，王缉慈，吕斌. 地方创意环境和实体空间对城市文化创意活动的影响——以北京市南锣鼓巷为例 [J]. 地理研究，2008（3）.

[119] 张冬梅. 艺术产业化的历程反思与理论诠释 [M]. 北京：中国社会科学出版社，2008.

[120] 张京成. 中国创意产业发展报告（2016）[M]. 北京：中国经济出版社，2016.

[121] 张京祥，吴缚龙，崔功豪. 城市发展战略规划：透视激烈竞争环境中的地方政府管治 [J]. 人文地理，2004，19（3）.

[122] 张京祥. 西方城市规划思想史纲 [M]. 南京：东南大学出版社，2005.

[123] 张荣芳. 以设计之力提升中国时尚品牌的影响力 [J]. 美术观察，2014（1）.

[124] 郑巨欣. 东方研究与设计之思考 [J]. 新美术，2015（4）:5-6.

[125] 周膺，吴晶. 西溪湿地保护利用模式研究 [M]. 北京：当代中国出版社，2008.

[126] 周膺. 创意时代："创意良渚"的思想实验 [M]. 北京：五洲传播出版社，2008.

[127] 周政，仇向洋. 国内典型创意产业集聚区形成机制分析 [J]. 江苏科技信息，2006（7）.

[128] 朱文涛. 通往设计的价值理性之路——以市民社会结构为视角考察中国设计价值变迁与危机的根因 [J]. 南京艺术学院学报，2013.

后　记

　　书稿付梓之际，有颇多感慨。对创意产业集聚区的研究源于十年前在我中国美术学院攻读博士期间所进行的创意产业园区策划实践。在文献阅读中发现，创意产业集聚区理论数量众多，但仍然难以解答开展规划设计所遭遇到的困惑——创意产业的活态与基地规划设计融贯的两难，期间的思考和研究为本书奠定了基础，近年通过研究推进，形成了本书。本书是教育部人文社会科学规划基金项目"本土设计师品牌及其群落优化研究"（16YJA760018）的研究成果。

　　摹习一种模式，结果有可能是"淮南为橘，淮北为枳"，这种现象在集聚区建设上很普遍。笔者曾长期从事项目开发与管理工作，也亲历特色小镇开发的起起落落，感触到要对实践问题进行有效解答，在研究上不能大而化之，须结合所在的土壤。如今社会转型迅速发展，艺术家和设计师等创意阶层创业、创新与创意产业集聚区深度融合，随着研究的深入，笔者愈发坚定要从共同体视角结合实际情况来进行有针对性的研究。

　　衷心感谢我的老师宋建明教授、郑巨欣教授和吴海燕教授的指导和宝贵意见，有了他们的指正，本书才更加完整和严谨。感谢"象山艺术社区研究课题组"的俞坚、董奇老师，也要感谢"白马湖生态创意城研究课题组"的李凯生老师、邵健老师，他们的创造性实践使得这篇论文内容更加充实。感谢我的父母，不管我身在何处，他们永远坚定地支持我，默默无私地奉献着父母之爱。最后感谢我的妻子，谢谢她长期以来的理解和支持，照顾我的生活，陪伴和鼓励，让我有更多的时间投入到本书的写作。

　　笔者才疏学浅，所表达观点仅代表一家之言，抛砖引玉，敬请各位赐教。

2018 年元月于杭州